Appunti sulle equazioni differenziali ordinarie

Antonio Ambrosetti

Appunti sulle equazioni differenziali ordinarie

 Springer

Antonio Ambrosetti
Scuola Internazionale Superiore
di Studi Avanzati (SISSA), Trieste

UNITEXT   La Matematica per il 3+2
ISSN edizione cartacea: 2038-5722   ISSN edizione elettronica: 2038-5757

ISBN 978-88-470-2393-2   ISBN 978-88-470-2394-9 (eBook)
DOI 10.1007/978-88-470-2394-9

Springer Milan Dordrecht Heidelberg London New York

9 8 7 6 5 4 3 2 1

Layout copertina: Beatrice B., Milano

Impaginazione: PTP-Berlin, Protago TeX-Production GmbH, Germany (www.ptp-berlin.eu)
Stampa: Grafiche Porpora, Segrate (MI)

Springer-Verlag Italia S.r.l., Via Decembrio 28, I-20137 Milano
Springer is a part of Springer Science+Business Media (www.springer.com)

Prefazione

Lo scopo principale di questi appunti è di discutere alcuni importanti problemi relativi alle Equazioni Differenziali Ordinarie. Si tratta di un argomento fondamentale dell'Analisi Matematica sia per gli aspetti teorici che per le applicazioni a tutte le scienze della natura, dalla fisica, all'ingengeria, alla biologia, all'economia, eccetera.

Non volendo scrivere un trattato sulle Equazioni Differenziali Ordinarie, abbiamo scelto di esporre in modo abbastanza semplice e snello alcuni argomenti che riteniamo essere tra quelli più suggestivi. Non c'è la pretesa di essere esaurienti, ma piuttosto la speranza che il testo possa far aumentare l'interesse dello studente per le Equazioni Differenziali.

Nei capitoli 1 e 2 viene trattata l'esistenza, l'unicità e la dipendenza dai dati iniziali del problema di Cauchy per le equazioni e i sistemi, con particolare riguardo al caso lineare. I capitoli 3 e 4 riguardano, rispettivamente, l'analisi qualitativa dei sistemi piani col metodo del piano delle fasi, e lo studio dei problemi al contorno per le equazioni del secondo ordine lineari e nonlineari. Il capitolo 5 contiene un cenno alle principali questioni di stabilità. Gli ultimi due capitoli sono dedicati alle equazioni di Eulero Lagrange dei funzionali del Calcolo delle Variazioni.

Una particolare attenzione è posta a discutere vari esempi concreti importanti nelle applicazioni.

L'esposizione è tenuta ad un livello accessibile agli studenti di matematica, fisica ed ingegneria che, oltre ad aver seguito i corsi di Analisi I e II, abbiano anche acquisito qualche prima nozione sulle equazioni differenziali.

Le Equazioni Differenziali Ordinarie hanno motivato l'introduzione dell'Analisi Funzionale che è diventato un argomento centrale dell'Analisi Matematica. Per questa ragione abbiamo voluto usare qualche risultato "astratto" come il Principio delle Contrazioni di Banach, il Teorema di compattezza di Ascoli-Arzelà e il metodo delle sotto e sopra soluzioni. Un cenno è anche fatto sul principio del massimo e sulla diseguaglianza di Poincaré, seppure in condizioni di regolarità.

Nell'esporre alcuni argomenti mi sono stati di grande utilità degli appunti manoscritti (non pubblicati) di Giovanni Prodi. Desidero inoltre esprimere il mio vivissimo rigraziamento al Prof. Vittorio Coti Zelati per suggerimenti ed osservazioni.

Trieste, giugno 2011   *Antonio Ambrosetti*

Notazioni

- Se $y = (y_1, \ldots, y_n) \in \mathbb{R}^n$ e $z = (z_1, \ldots, z_n) \in \mathbb{R}^n$, $y \cdot z = \sum_1^n y_i z_i$ indica il prodotto scalare euclideo.
- Se $y \in \mathbb{R}^n$, $|y|^2 = y \cdot y = \sum_1^n y_i^2$ indica la norma euclidea di y.
- Se $\Omega \subseteq \mathbb{R}^m$ è un aperto e $f : \Omega \mapsto \mathbb{R}$ è derivabile parzialmente rispetto a y_i, indicheremo con f_{y_i} o $\frac{\partial f}{\partial y_i}$ o $D_{y_i} f$ la derivata parziale di f rispetto a y_i. Se $k \geq 0$ è un intero, $C^k(\Omega)$ indica la classe delle funzioni $f : \Omega \mapsto \mathbb{R}$ derivabili parzialmente k volte rispetto a $y_1, \ldots, y_n$ con tutte le derivate parziali k-esime continue in Ω. $C^k(\overline{\Omega})$ indica la classe delle funzioni $f : \overline{\Omega} \mapsto \mathbb{R}$, di classe $C^k(\Omega)$ e tali che tutte le derivate parziali sono prolungabili con continuita' su $\partial\Omega$, la frontiera di Ω.

Indice

1

Il problema di Cauchy

1.1 Introduzione

Un'equazione differenziale ordinaria del primo ordine è un'equazione in cui l'incognita è una *funzione* $y(t)$ che compare con la sue derivata prima $y'(t)$. In generale si tratta di equazioni del tipo

$$\Phi(t, y, y') = 0$$

dove Φ è definita in un aperto $\mathcal{A}$ di $\mathbb{R} \times \mathbb{R} \times \mathbb{R}$. Se Ω è un aperto di $\mathbb{R}^2$, $\mathcal{A} = \Omega \times \mathbb{R}$ e $\Phi(t, y, y') = y' - f(t, y)$, l'equazione diventa

$$y'(t) = f(t, y(t)), \tag{1.1}$$

e viene detta in *forma normale*. Nel seguito noi studieremo questa classe di equazioni per le quali si possono dimostrare dei risultati di esistenza e unicità.

Definizione 1.1. *Una soluzione di* (1.1) *è una funzione $y(t)$ di classe C^1 definita in qualche intervallo $I \subset \mathbb{R}$ tale che $(t, y(t)) \in \Omega$, per ogni $t \in I$ e*

$$y'(t) = f(t, y(t)), \qquad \forall\, t \in I.$$

Facciamo un paio di esempi elementari.

Esempi 1.1. *(i) Se $f(t, y)$ non dipende da y, cioè $f = f(t)$,* (1.1) *diventa $y' = f(t)$ le cui soluzioni sono le primitive di f.*

(ii) Se $f(t, y) = ky$ l'equazione diventa $y' = ky$. Le soluzioni sono date dalla famiglia di esponenziali

$$y(t) = c\,e^{kt}, \qquad c \in \mathbb{R}.$$

In generale, l'equazione $y' = f(t, y)$ ha una famiglia di soluzioni dipendenti da *un parametro* $c \in \mathbb{R}$. Per trovare un'unica soluzione si impone che una soluzione $y(t)$ verifichi una *Condizione Iniziale*.

Ambrosetti A.: Appunti sulle equazioni differenziali ordinarie
DOI 10.1007/978-88-2394-9_1, © Springer-Verlag Italia 2012

Fissato $(t_0, \xi) \in \Omega$ cerchiamo una soluzione di $y' = f(t, y)$ tale che $y(t_0) = \xi$. Il problema

$$\begin{cases} y' = f(t, y) \\ y(t_0) = \xi \end{cases} \qquad (PC)$$

è chiamato *Problema di Cauchy*.

1.2 Esistenza e unicità locale per (PC)

In questa sezione proveremo un teorema di esistenza e unicità di natura locale per il problema (PC).

1) Cominciamo ricordando la seguente definizione:

Definizione 1.2. *Diremo che $f(t, y)$ è una funzione localmente lipschitziana in $(\bar{t}, \bar{y}) \in \Omega$ se esistono un intorno U di $(\bar{t}, \bar{y})$, $U \subset \Omega$, ed $L > 0$ tali che*

$$|f(t, y_1) - f(t, y_2)| \leq L\, |y_1 - y_2|, \quad \forall\, (t, y_1), (t, y_2) \in U. \qquad (1.2)$$

Se la relazione precedente vale per ogni $(t, y_1), (t, y_2) \in \Omega$, diremo che f è globalmente lipschitziana in Ω.

Osservazione 1.1. Supponiamo che $f \in C(\Omega)$ sia di classe C^1 rispetto ad y. Sia $U \subset \Omega$ un intorno di un generico punto $(\bar{t}, \bar{y}) \in \Omega$. Se $K \subset \Omega$ è un compatto contenente U e $(t, y_1), (t, y_2) \in U$, si ha

$$|f(t, y_1) - f(t, y_2)| \leq \max_{(t, y) \in K} |f_y(t, y)|\, |y_1 - y_2|$$

e quindi f è localmente lipschitziana in $(\bar{t}, \bar{y})$. Inoltre, se f_y è limitata in Ω, allora f è globalmente lipschitziana in Ω.

Dato $(t_0, \xi) \in \Omega$, consideriamo un quadrato $Q_r = [t_0 - r, t_0 + r] \times [\xi - r, \xi + r]$ in modo che $Q_r \subset \Omega$ e sia $M_r = \max\{f(t, y) : (t, y) \in Q_r\}$.

Teorema 1.1. *Supponiamo che $f \in C(\Omega)$ sia localmente lipschitziana in (t_0, ξ). Allora se $\delta > 0$ è tale che*

$$\delta < \frac{1}{L}, \qquad \delta < \min\{r, \frac{r}{M_r}\},$$

il problema di Cauchy (PC) ha una e una sola soluzione $y(t)$ definita nell'intervallo $I_\delta := [t_0 - \delta, t_0 + \delta]$.

2) Non è restrittivo supporre che Q_r sia contenuto nell'intorno U di (t, ξ) dove vale la (1.2). Per dimostrare il teorema, è conveniente trasformare (PC) in una *equazione integrale*. Poniamo

$$K_r = \{y \in C(I_\delta) : \max_{t \in I_\delta} |y(t) - \xi| \leq r\}.$$

Osservazione 1.2. Se $y \in K_r$ allora $(t, y(t)) \in Q_r \subset \Omega$ per ogni $t \in I_\delta$ ed ha senso calcolare $f(t, y(t))$.

Lemma 1.1. *La funzione $y \in K_r$ è soluzione del problema di Cauchy (PC) se e solo se y risolve l'equazione integrale*

$$y(t) = \xi + \int_{t_0}^{t} f(s, y(s))ds, \quad t \in I_\delta. \tag{1.3}$$

Dimostrazione. Sia $y \in K_r$ una soluzione di (PC). Integrando da t_0 a t l'identità $y'(t) = f(t, y(t)))$, troviamo

$$\int_{t_0}^{t} y'(t)dt = \int_{t_0}^{t} f(s, y(s))ds.$$

Ne segue che

$$y(t) - y(t_0) = \int_{t_0}^{t} f(s, y(s))ds.$$

Usando la condizione iniziale $y(t_0) = \xi$ deduciamo

$$y(t) = \xi + \int_{t_0}^{t} f(s, y(s))ds,$$

che è appunto la (1.3).

Viceversa, se $y \in K_r$ soddisfa (1.3) allora $y(t_0) = \xi$. Inoltre, differenziando, si trova

$$y'(t) = f(t, y(t))$$

e quindi $y(t)$ è una soluzione di (PC). $\square$

3) Sia $X = C(I_\delta)$. Munito della norma

$$\|y - z\| := \sup_{t \in I_\delta} |y(t) - z(t)|$$

X è uno spazio completo, cioè è uno spazio di Banach.

Osservazione 1.3. Se y_k è una successione convergente ad $y \in X$ rispetto alla norma $\|.\|$, cioè se $\|y_k - y\| \to 0$ per $k \to \infty$, allora $y_k \to y$ uniformemente in I_δ.

Con le notazioni introdotte, possiamo scrivere

$$K_r = \{y \in X : \|y - \xi\| \leq r\}.$$

In K_r definiamo l'operatore $T : K_r \mapsto X$ ponendo

$$T[y](t) = \xi + \int_{t_0}^{t} f(s, y(s))ds.$$

In base al Lemma 1.1, le soluzioni di (1.3) sono i punti fissi di T in K_r, cioè le funzioni $y \in K_r$ tali che $T(y) = y$. Per provare che T ha un punto fisso in K_r useremo il *Principio delle Contrazioni di Banach*:

Teorema 1.2. *Sia M uno spazio metrico completo. Supponiamo che $T : M \to M$ sia una contrazione[1], cioè esite $0 < C < 1$ tale che*

$$d(T[y], T[z]) \leq C\, d(y, z), \qquad \forall\, y, z \in M.$$

Allora T ha uno ed un solo punto fisso in M.

La dimostrazione di questo teorema è riportata nell'Appendice alla fine di questo capitolo.

4) Siamo ora in grado di dimostrare il Teorema 1.1. Useremo il Teorema 1.2 con $M = K_r$. Ovviamente K_r è uno spazio metrico completo rispetto alla distanza $d(y, z) = \|y - z\|$.

4-i) Iniziamo mostrando che $T(K_r) \subset K_r$. Infatti

$$|T[y](t) - \xi| \leq M\, \delta < r.$$

Prendendo l'estremo superiore su I_δ, troviamo $\|T[y] - \xi\| < r$ e quindi $T[y] \in K_r$.

4-ii) Mostriamo ora che T è una contrazione in K_r. Si ha

$$|T[y](t) - T[z](t)| \leq \int_{t_0}^{t} |f(s, y(s)) - f(s, z(s))|\,ds.$$

Come abbiamo osservato, dal fatto che $y, z \in K_r$ segue che $y(s), z(s) \in Q_r$. Allora, poiché f è localmente lipschitziana in (t_0, ξ), si ha $|f(s, y(s)) - f(s, z(s))| \leq L\,|y(s) - z(s)|$ e quindi

$$|T[y](t) - T[z](t)| \leq \int_{t_0}^{t} L\,|y(s) - z(s)|\,ds \leq \delta\, L \max_{s \in I_\delta} |y(s) - z(s)| = \delta\, L\, \|y - z\|.$$

Da questo deduciamo

$$\|T[y] - T[z]\| = \sup_{t \in I_\delta} |T[y](t) - T[z](t)| \leq \delta\, L\, \|y - z\|.$$

Poiché $\delta L < 1$, T è una contrazione.

4-iii) Usando il teorema delle contrazioni di Banach, deduciamo che T ha un unico punto fisso $y^* \in K_r$ che è la soluzione di (1.3). □

---

[1] Ovviamente una contrazione è continua.

Osservazioni 1.4. (i) Il risultato precedente è locale, nel senso che l'intervallo di esistenza della soluzione dipende da L, M, e dalla condizione iniziale. Per esempio, il problema di Cauchy

$$\begin{cases} y' & = y^2, \\ y(0) & = \xi > 0 \end{cases}$$

ha per soluzione la funzione

$$y(t) = \frac{\xi}{1 - \xi t}.$$

L'intervallo massimo di definizione di questa soluzione è $(-\infty, \xi^{-1})$ e dipende dunque dalla condizione iniziale. Si osservi che $f(y) = y^2$ non è globalmente lipschitziana in $\mathbb{R}$.

(ii) Il Teorema 1.1 vale per equazioni in forma normale. Nel caso di un'equazione del tipo $\Phi(t, y, y') = 0$ occorre prima risolvere rispetto ad y' trovando un'equazione in forma normale a cui applicare il Teorema 1.1.

(iii) Per dimostrare il Teorema 1.1 si può anche considerare per $0 < h \ll 1$ la poligonale che passa per punti $P_k = (t_k, \xi_k)$ definiti per $k \in \mathbb{N}$ ponendo

$$t_k = t_0 + kh, \quad \xi_0 = \xi, \ \xi_k = \xi_{k-1} + f(t_{k-1}, \xi_{k-1})h.$$

Questa poligonale definisce una funzione $y_h(t)$ lineare a tratti che approssima la soluzione di (1.3). Infatti si dimostra che, sotto le ipotesi del Teorema 1.1, la successione $y_h(t)$ converge uniformemente, per $h \to 0$, ad una soluzione di (1.3) definita in $[t_0, t_0 + \delta]$, con $\delta > 0$ sufficientemente piccolo. Lo stesso procedimento permette di studiare il caso $t < t_0$, trovando così la soluzione in un intorno I_δ di t_0 con $\delta \sim 0$.[2]

1.3 Dipendenza dai dati iniziali

In questa sezione vogliamo studiare la dipendenza della soluzione di (PC) rispetto alle condizioni iniziali. Supporremo che f sia localmente lipschitziana in Ω. Sia $y(t, \xi)$ la soluzione di (PC). Nel seguito porremo $\phi^t(\xi) = y(t, \xi)$; $\phi^t(\xi)$ prende il nome di *flusso* relativo a (PC).

Riguardando la dimostrazione del Teorema 1.1, si verifica che, prendendo eventualmente δ più piccolo esiste $r' > 0$ tale che $\phi^t(\xi')$ è definita in I_δ per ogni $|\xi' - \xi| < r'$. La funzione $\phi^t(\xi)$ verifica

$$\phi^t(\xi) = \xi + \int_{t_0}^t f(s, \phi^s(\xi))ds.$$

---

[2] A riguardo si veda anche il libro di G. Prodi, Lezioni di Analisi Matematica 2, Ed. Bollati Boringhieri (2011).

Allora

$$|\phi^t(\xi) - \phi^t(\xi')| \leq |\xi - \xi'| + \int_{t_0}^t |f(s, \phi^s(\xi)) - f(s, \phi^s(\xi'))| ds, \qquad (1.4)$$

e quindi

$$|\phi^t(\xi) - \phi^t(\xi')| \leq |\xi - \xi'| + \delta L \max_{s \in I_\delta} |\phi^s(\xi) - \phi^s(\xi')|.$$

Poichè $\delta L < 1$ si deduce

$$(1 - \delta L) \max_{s \in I_\delta} |\phi^s(\xi) - \phi^s(\xi')| \leq |\xi - \xi'|. \qquad (1.5)$$

Abbiamo dimostrato:

Teorema 1.3. Se $f \in C(\Omega)$ è localmente lipschitziana in Ω, allora $\xi \mapsto \phi^t(\xi)$ è continua, nel senso che

$$\max_{s \in I_\delta} |\phi^s(\xi) - \phi^s(\xi')| \to 0, \ \ per \ |\xi - \xi'| \to 0.$$

Studiamo ora la differenziabilità rispetto alle condizioni iniziali. Premettiamo un lemma:

Lemma 1.2 (Lemma di Gronwall). Date $A, B, \omega \in C([a, b])$ positive, supponiamo che

$$\omega(t) \leq A(t) + \int_{t_0}^t B(s)\omega(s)ds, \qquad \forall t_0 \leq t \leq b. \qquad (1.6)$$

Allora

$$\omega(t) \leq A(t) + \int_{t_0}^t A(s)B(s)e^{-\int_{t_0}^s B(\sigma)d\sigma}ds, \qquad \forall t_0 \leq t \leq b.$$

Dimostrazione. Posto

$$\psi(t) = \int_{t_0}^t B(s)\omega(s)ds,$$

calcoliamo

$$\left(e^{-\int_{t_0}^t B(s)ds}\psi(t)\right)' = -B(t)e^{-\int_{t_0}^t B(s)ds}\psi(t) + e^{-\int_{t_0}^t B(s)ds}\psi'(t)$$

$$= e^{-\int_{t_0}^t B(s)ds}B(t)\omega(t) - B(t)e^{-\int_{t_0}^t B(s)ds}\psi(t).$$

Usando (1.6), cioè

$$\omega(t) \leq A(t) + \psi(t),$$

si deduce

$$\left(e^{-\int_{t_0}^t B(s)ds}\psi(t)\right)' \leq B(t)e^{-\int_{t_0}^t B(s)ds}(A(t) + \psi(t)) - B(t)e^{-\int_{t_0}^t B(s)ds}\psi(t)$$

$$= A(t)B(t)e^{-\int_{t_0}^t B(s)ds}.$$

Integrando tra t_0 e $t \in [t_0, b]$ troviamo (si noti che $\psi(t_0) = 0$)

$$e^{-\int_{t_0}^t B(s)ds}\psi(t) \leq \int_{t_0}^t A(s)B(s)e^{-\int_{t_0}^s B(\sigma)d\sigma}ds.$$

Quindi

$$\psi(t) \leq \int_{t_0}^t A(s)B(s)e^{\int_s^t B(\sigma)d\sigma}ds.$$

Da questa diseguaglianza e da $\omega(t) \leq A(t) + \psi(t)$ segue la tesi.   □

Teorema 1.4. *Se $f \in C(\Omega)$ è derivabile rispetto ad y con derivata parziale f_y continua, allora $\xi \mapsto \phi^t(\xi)$ è derivabile e $v(t) := D_\xi\phi^t(\xi)$ verifica il problema di Cauchy lineare*

$$v' = f_y(t, \phi^t(\xi))v, \qquad v(0) = 1.$$

Dimostrazione. Cominciamo osservando che se $\xi \mapsto \phi^t(\xi)$ è derivabile, allora possiamo derivare rispetto a ξ l'equazione

$$\phi^t(\xi) = \xi + \int_0^t f(s, \phi^s(\xi))ds.$$

Posto $v = D_\xi\phi^t(\xi)$, troviamo

$$v(t) = 1 + \int_0^t f_y(s, \phi^s(\xi))v(s)ds$$

e questo equivale a dire che v verifica

$$v' = f_y(t, \phi^t(\xi))v, \qquad v(0) = 1.$$

Proviamo ora che $\xi \mapsto \phi^t(\xi)$ è derivabile. Poniamo

$$w(t, h) = \phi^t(\xi + h) - \phi^t(\xi).$$

Usando l'equazione integrale (1.3) si ha (scriviamo, per brevità, $f(y)$ per $f(t, y)$)

$$w(t, h) - v(t)h = \int_{t_0}^t [f(\phi^s(\xi + h)) - f(\phi^s(\xi)) - f_y(\phi^s(\xi))v(s)h]ds$$

$$= \int_{t_0}^t [f_y(\theta(s, h))w(s, h) - f_y(\phi^s(\xi))v(s)h]ds$$

$$= \int_{t_0}^t [f_y(\theta(s, h))w(s, h) - f_y(\theta(s, h))v(s)h]ds$$

$$+ \int_{t_0}^t [f_y(\theta(s, h)) - f_y(\phi^s(\xi))]v(s)hds,$$

dove
$$\phi^s(\xi) \le \theta(s,h) \le \phi^s(\xi+h).$$

Allora
$$|w(t,h) - v(t)h| \le \int_{t_0}^t |f_y(\theta(s,h))| \cdot |w(s,h) - v(s)h| ds$$
$$+ \int_{t_0}^t |f_y(\theta(s,h)) - f_y(\phi^s(\xi))| \cdot |v(s)h| ds.$$

Applichiamo il lemma di Gronwall con
$$\omega(t) = \omega_h(t) = |w(t,h) - v(t)h|,$$
$$A(t) = A_h(t) = \int_{t_0}^t |f_y(\theta(s,h)) - f_y(\phi^s(\xi))| \cdot |v(s)h| ds,$$
$$B(t) = B_h(t) = |f_y(\theta(s,h))|,$$

trovando
$$|w(t,h) - v(t)h| \le A_h(t) + \left| \int_{t_0}^t A_h(s) B_h(s) e^{\int_s^t B_h(\sigma)d\sigma} ds \right|, \qquad \forall t \in (a,b).$$

Poiché $\theta(s,h) \to \phi^s(\xi)$ per $h \to 0$, si ha che $A_h(t) = o(h)$, uniformemente in $[a,b]$. Inoltre $B_h(t) \le c$ e perciò $|w(t,h) - v(t)h| = o(h)$, uniformemente in $[a,b]$. Questo prova la derivabilità di $\xi \mapsto \phi^t(\xi)$ e completa la dimostrazione. $\square$

1.4 Esistenza e unicità globale per (PC)

Una volta trovata una soluzione locale di (PC), possiamo cercare di riapplicare il teorema per definire la soluzione in un intervallo più ampio. Tuttavia, in generale, può accadere che l'intervallo di esistenza I_δ diventi sempre più piccolo, come accade nell'esempio riportato nell'Osservazione 1.4.

Per trovare un risultato di esistenza globale, in modo che l'intervallo di esistenza della soluzione non dipenda dalla condizione iniziale, faremo un'ipotesi sul dominio di f. Precisamente, supponiamo che Ω sia la striscia
$$S = \{(t,y) : a \le t \le b, \ y \in \mathbb{R}\}$$

e che f sia globalmente lipschitziana in S. Preso $t_0 \in (a,b)$, consideriamo ancora l'equazione integrale (1.3), cioè $y = T[y]$. Per ogni $y, z \in C([a,b])$ si ha, come nella dimostrazione del Teorema 1.1,
$$\|T[y] - T[z]\| \le L|t - t_0| \|y - z\|, \qquad t \in [a,b].$$

Osserviamo che, nella situazione che stiamo considerando, non è necessario introdurre l'insieme K_r, né dimostrare che $T(K_r) \subset K_r$: infatti, $(t, y(t)) \in S$

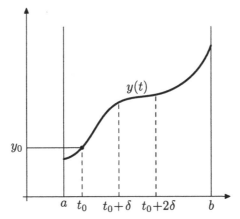

Fig. 1.1. Esistenza globale

per ogni $t \in [a,b]$ e ogni $y \in X$, cfr. l'Osservazione 1.2, e $T[y] \in C([a,b])$ per ogni $y \in C([a,b])$.

Se $\delta > 0$ è tale che $I_\delta = [t_0 - \delta, t_0 + \delta] \subset [a,b]$, poniamo $X = C(I_\delta)$. Allora

$$\|T[y] - T[z]\| \le L\,\delta\,\|y - z\|, \qquad \forall\, y, z \in X.$$

Dunque, se $\delta L < 1$, T è una contrazione in X e quindi, per il Principio delle Contrazioni di Banach, ha un unico punto fisso $y_1 \in X$.

Ripetendo il procedimento, troveremo una e una sola soluzione y_2 di

$$\begin{cases} y' = f(t,y), \\ y(t_0 + \delta) = y_1(t_0 + \delta), \end{cases} \tag{1.7}$$

definita in $I_{2\delta} \cap [a,b]$. La funzione

$$\widetilde{y}(t) = \begin{cases} y_1(t), \text{ se } t_0 \le t \le t_0 + \delta; \\ y_2(t), \text{ se } t_0 + \delta \le t \le t_0 + 2\delta, \end{cases}$$

è di classe C^1. Infatti

$$\lim_{t \uparrow t_0 + \delta} y_1'(t) = f(t_0 + \delta, y_1(t_0 + \delta)) = f(t_0 + \delta, y_2(t_0 + \delta)) = \lim_{t \downarrow t_0 + \delta} y_2'(t).$$

Inoltre $\widetilde{y}' = f(t, \widetilde{y})$ per ogni $t_0 \le t \le t_0 + 2\delta$. Stesso ragionamento per $t < t_0$. Dunque $\widetilde{y}$ è una soluzione di (PC) definita in $I_{2\delta} \cap [a,b]$.

È importante osservare che δ dipende solo da L, a, b. Allora, dopo un numero finito di passi si troverà una (e una sola) soluzione di (PC) definita in tutto $[a,b]$.

Possiamo concludere enunciando il teorema di esistenza e unicità globale che cercavamo:

Teorema 1.5. *Supponiamo che f sia globalmente lipschitziana nella striscia $S = \{(t,y) : a \le t \le b,\ y \in \mathbb{R}\}$, con $t_0 \in [a,b]$. Allora (PC) ha una e una sola soluzione definita su tutto $[a,b]$.*

Osservazione 1.5. Se $\Omega = \mathbb{R}^2$, e f è globalmente lipschitziana in $\mathbb{R}^2$, la soluzione di (PC) è definita su tutto $\mathbb{R}$.

1.5 Il teorema di esistenza di Peano

In questa sezione vogliamo dimostrare un notevole risultato dovuto a Peano riguardo l'esistenza di almeno una soluzione per (PC) nella sola ipotesi che f sia continua. Useremo le stesse notazioni introdotte nelle sezioni precedenti.

Teorema 1.6 (Teorema di Peano). *Se f è continua in Ω allora esiste $\delta > 0$ tale che il problema di Cauchy (PC) ha almeno una soluzione definita in $I_\delta = (t_0 - \delta, t_0 + \delta)$.*

La dimostrazione si basa su due passi. Iniziamo provando un lemma che è interessante di per sé.

Lemma 1.3. *Sia $I \subset [a,b]$ un intervallo tale che $t_0 \in I$ e supponiamo che $\Omega = I \times \mathbb{R}$ e che $M := \max_\Omega |f(t,y)| < +\infty$. Allora (PC) ha (almeno) una soluzione definita in I.*

Dimostrazione. Per $k = 1, 2, \dots$ e $t \in I_\delta$ definiamo per ricorrenza la successione $y_k \in X = C([a,b])$ ponendo

$$y_1 = T[\xi] = \xi + \int_{t_0}^t f(s,\xi)ds,$$

$$y_2 = T[y_1] = \xi + \int_{t_0}^t f(s,y_1(s))ds,$$

$$\dots \quad \dots$$

$$y_{k+1} = T[y_k] = \xi + \int_{t_0}^t f(s,y_k(s))ds.$$

Si noti che y_k è ben definita perchè $I \subset [a,b]$ e $|f(t,y)| \le M$ in Ω.

Proviamo che, a meno di sottosuccessioni, y_k converge uniformemente ad un certo $y \in X$. Per questo useremo il teorema di Ascoli-Arzelà. Ricordiamo che la successione y_k è *equicontinua* se per ogni $\varepsilon > 0$ esiste $\gamma > 0$ tale che

$$|y_k(t) - y_k(t')| < \varepsilon, \qquad \forall |t - t'| < \gamma, \quad \forall k \in \mathbb{N}.$$

La successione y_k è *equilimitata* se esiste $c > 0$ tale che

$$|y_k(t)| \le c, \qquad t \in I_\delta, \quad \forall k \in \mathbb{N}.$$

Teorema 1.7 (Teorema di Ascoli-Arzelà). *Condizione necessaria e sufficiente perchè una successione $y_k \in X$ converga uniformemente in $[a, b]$, a meno di sottosuccessioni, è che y_k sia equicontinua ed equilimitata.*

Per la dimostrazione del teorema di Ascoli-Arzelà rimandiamo ad un testo di Analisi II come [10].

Verifichiamo che la successione y_k definita in precedenza è equicontinua ed equilimitata:
(a) y_k è equicontinua in X. Infatti si ha

$$|y_k(t) - y_k(t')| \leq \int_t^{t'} |f(s, y_k(s))| ds \leq M|t - t'|;$$

(b) y_k è equilimitata in X. Infatti

$$|y_k(t) - \xi| \leq \int_{t_0}^t |f(s, y_k(s))| ds \leq M(b - a), \quad \forall t \in I.$$

Applicando il Teorema 1.7 segue che y_k converge uniformemente, a meno di sottosuccessioni, ad un certo $y \in X$. Passando al limite nella relazione

$$y_{k+1}(t) = \xi + \int_{t_0}^t f(s, y_k(s)) ds$$

si trova che $y(t) = \xi + \int_{t_0}^t f(s, y(s)) ds$. Quindi, in base al Lemma 1.1, y è una soluzione di (PC), definita in I. $\qquad \square$

Dimostrazione del Teorema 1.6. Siano $\delta, c > 0$ tali che il rettangolo $I_\delta \times [\xi - c, \xi + c]$ sia contenuto in Ω. Definiamo la funzione $\tilde{f}$ nella striscia $S_\delta = I_\delta \times \mathbb{R}$ ponendo

$$\tilde{f}(t, y) = \begin{cases} f(t, \xi + c), \text{ se } y \geq \xi + c; \\ f(t, y), \quad \text{ se } \xi - c \leq y \leq \xi + c; \\ f(t, \xi - c), \text{ se } y \leq \xi + c. \end{cases}$$

La funzione $\tilde{f}$ è continua e limitata in S_δ. Possiamo allora applicare il Lemma 1.3, trovando una soluzione di $y' = \tilde{f}(t, y)$, $y(t_0) = \xi$, $t \in I_\delta$. Poiché y è continua, possiamo prendere $\delta \ll 1$ in modo che $|y(t) - \xi| < c$ per $t \in I_\delta$. Allora $(t, y(t)) \in I_\delta \times [\xi - c, \xi + c]$ e perciò $\tilde{f}(t, y(t)) = f(t, y(t))$. Quindi $y' = f(t, y)$. $\qquad \square$

Osservazione 1.6. Se f è solo continua, il teorema di Peano assicura che (PC) ha almeno una soluzione, definita localmente in un intorno di t_0. Il seguente esempio mostra che l'unicità può venire a mancare. Infatti il problema di Cauchy

$$\begin{cases} y' &= \sqrt{|y|}, \\ y(0) &= 0, \end{cases}$$

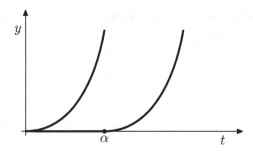

Fig. 1.2. Grafico delle soluzioni y_α per $t \geq 0$

ha infinite soluzioni che sono $y \equiv 0$ e, per ogni $\alpha > 0$,

$$y_\alpha(t) = \begin{cases} 0, & \text{for } |t| < \alpha; \\ \frac{1}{4}(t - \alpha)|t - \alpha|, & \text{for } |t| \geq \alpha. \end{cases}$$

1.6 Complementi

1.6.1 Equazioni lineari

Integriamo l'equazione

$$y' = p(t)y + q(t), \tag{1.8}$$

dove $p, q \in C([a, b])$. In questo caso possiamo applicare il Teorema 1.5 e quindi (1.8) ha soluzioni definite su tutto $[a, b]$. Poniamo $P(t) = \int_0^t p(s)ds$ e $z(t) = e^{-P(t)}y(t)$. Allora

$$z' = e^{-P(t)}y'(t) - e^{-P(t)}P'(t)y(t) = e^{-P(t)}y'(t) - p(t)z(t).$$

Se y verifica (1.8) allora

$$z'(t) = e^{-P(t)}(p(t)y + q(t)) - p(t)z(t) = p(t)z(t) + e^{-P(t)}q(t) - p(t)z(t) = e^{-P(t)}q(t).$$

Allora $z(t) = \int_0^t e^{-P(s)}q(s)ds + c$, $c \in \mathbb{R}$, e

$$y(t) = e^{P(t)}z(t) = e^{P(t)}\left[\int_0^t e^{-P(s)}q(s)ds + c\right].$$

La costante c si può calcolare imponendo una condizione iniziale $y(t_0) = \xi$.

1.6.2 Equazioni esatte

Consideriamo l'equazione

$$y' = -\frac{A(t, y)}{B(t, y)} \tag{1.9}$$

dove $A, B \in C(\Omega)$ e $B \neq 0$ in $\Omega \subseteq \mathbb{R}^2$. Se la forma differenziale $\omega = Adt + Bdy$ è esatta e se $F(t, y)$ è una primitiva, allora $F_y(t, y) = B(t, y) \neq 0$. Quindi, per ogni $c \in \mathbb{R}$ tale che $F(t_0, y_0) = c$, $F(t, y) = c$ definisce implicitamente una funzione $y = y_c(t)$ tale che

$$y_c'(t) = -\frac{F_t(t, y_c(t))}{F_y(t, y(_ct))} = -\frac{A(t, y_c(t))}{B(t, y_c(t))}.$$

Questo dice che $y = y_c(t)$ è una soluzione di (1.9).

A volte la (1.9) viene scritta nella forma $Adt + Bdy = 0$, che ha il vantaggio di poter scambiare il ruolo di t e y. Se $A \neq 0$ in Ω possiamo fare lo stesso discorso per l'equazione $dt/dy = -B(t, y)/A(t, y)$ nella quale y ha il ruolo di variabile indipendente e t di quella dipendente.

Se $Adt + Bdy$ non è esatta e se $r \in C^1(\Omega)$ è una funzione tale che $\omega_r = rAdt + rBdy$ è esatta, la funzione r viene detta *fattore integrante*. Il fattore integrante r si trova risolvendo

$$(rA)_y = (rB)_t.$$

Se $(B_t - A_y)/A$ dipende solo da y possiamo cercare r come funzione della sola y. Si trova $r'(y)A + r(y)A_y = r(y)B_t$, e quindi r verifica $r' = r(B_t - A_y)/A$. Analogamente, se $(B_t - A_y)/B$ dipende solo da t, possiamo trovare $r = r(t)$ risolvendo $r' = r(B_t - A_y)/B$. Chiaramente l'equazione $y' = -A/B$ è equivalente a $y' = -\rho A/\rho B$ che può essere integrata mediante $F_\rho = c$, dove F_ρ è una primitiva si ω_ρ.

1.6.3 L'equazione di Clairaut

Si tratta dell'equazione (non in forma normale)

$$y = ty' + g(y'), \tag{1.10}$$

dove g è una funzione definita in un aperto $A \subset \mathbb{R}$, è di classe $C^2(A)$ e $g''(p) \neq 0$ per ogni $p \in A$. Se y verifica (1.10), derivando (ammetteremo che y sia di classe C^2) si trova

$$y' = y' + ty'' + g'(y')y''.$$

Quindi o $y'' = 0$ oppure $g'(y') = -t$. Nel primo caso, si ha $y = at + b$. Usando la (1.10) si ha che $b = g(a)$. Quindi, per ogni $a \in A$, le rette $y = at + g(a)$ risolvono l'equazione di Clairaut. Si noti che se cerchiamo una soluzione verificante la condizione iniziale $y(t_0) = \xi$ si trova $\xi = at_0 + g(a)$. Osserviamo che, poiché $g''(c) \neq 0$, questa equazione può avere 1 o 2 o nessuna soluzione al variare di t_0, ξ.

Consideriamo ora il caso in cui $g'(y') = -t$. Da $g''(p) \neq 0$ segue che g' è monotona ed invertibile, con inversa h. Allora $y' = h(-t)$ e quindi la curva Γ di equazione

$$y = th(-t) + g(h(-t))$$

verifica (1.10). È facile verificare che le rette $y = at + g(a)$ sono tangenti a Γ, che è quindi l'inviluppo di questa famiglia di rette.

Esempio 1.2. Se $g(p) = p^2$ si ha $A = \mathbb{R}$ e le rette $y = at + a^2$ risolvono l'equazione di Clairaut $y = ty' + (y')^2$. In questo caso $g'(p) = 2p$, $h(p) = \frac{1}{2}p$ e quindi la curva Γ è la parabola

$$y = -\frac{1}{2}t^2 + (-\frac{1}{2}t)^2 = -\frac{1}{4}t^2.$$

Se vogliamo trovare una soluzione tale che $y(t_0) = \xi$ si trova che t_0, ξ devono verificare la relazione $\xi = at_0 + a^2$. Ad esempio, se $t_0 = 0$ si trova $\xi = a^2$. Dunque se $\xi > 0$ troveremo le due rette $y = \pm\sqrt{\xi}t + \xi$. Se $\xi = 0$ troviamo la retta $y = 0$ e la curva $y = -\frac{1}{4}t^2$. Infine se $\xi < 0$ non vi sono soluzioni.

1.6.4 Analisi qualitativa

A parte qualche caso particolare le equazioni differenziali (1.1) non possono essere integrate mediante funzioni elementari. Tuttavia, l'equazione stessa fornisce informazioni sul comportamento delle soluzioni. Per fissare le idee, supporremo che f sia definita su tutto $\mathbb{R}^2$ e sia globalmente lipschitziana in modo che si possa applicare il teorema di esistenza e unicità globale 1.5.

Intanto, poiché le soluzioni verificano $y' = f(t, y)$ esse sono:

(a) crescenti nell'insieme $\Omega^+ = \{(t, y) \in \mathbb{R}^2 : f(t, y) > 0\}$;
(b) decrescenti nell'insieme $\Omega^- = \{(t, y) \in \mathbb{R}^2 : f(t, y) < 0\}$;
(c) gli eventuali punti di massimo o di minimo vanno cercati nell'insieme

$$\Omega_0 = \{(t, y) \in \mathbb{R}^2 : f(t, y) = 0\}.$$

Supponiamo inoltre che $f \in C^1(\mathbb{R}^2)$. Allora da $y'(t) = f(t, y(t))$ segue che y è di classe C^2 e

$$y''(t) = f_t(t, y(t)) + f_y(t, y(t))y'(t).$$

Questo può permettere di studiare la convessità o concavità di $y(t)$. In particolare, se t_0 è tale che $y'(t_0) = 0$ si trova $y''(t_0) = f_t(t_0, y(t_0))$. Perciò se $f_t(t_0, y(t_0)) \neq 0$, dal segno di $f_t(t_0, y(t_0))$ si deduce se t_0 è un punto di massimo o di minimo per $y(t)$.

Se f non dipende da t si ha che $\Omega_0 = \{y \in \mathbb{R} : f(y) = 0\}$ e $\Omega^\pm = \{y \in \mathbb{R} : f(y) \gtrless 0\}$. In questo caso per ogni $y_0 \in \Omega_0$, $y(t) \equiv y_0$ è soluzione di $y' = f(y)$. Dal teorema di esistenza e unicità segue che le soluzioni $y(t) \not\equiv y_0$ non incontrano la retta $y = y_0$ e quindi stanno in Ω^+ oppure in Ω^-. Quindi, a parte le eventuali soluzioni costanti, le altre soluzioni di $y' = f(y)$ sono o crescenti o decrescenti. La convessità o concavità delle soluzioni non costanti si deduce dal segno di $f'(y)f(y)$. Infatti $y''(t) = f'(y(t))y'(t) = f'(y(t))f(y(t))$.

Esempio 1.3. Consideriamo il problema di Cauchy

$$y' = y - g(y), \qquad y(0) = c, \tag{1.11}$$

dove $g \in C^2(\mathbb{R})$ verifica $g(0) = 0$, $g'(0) > 1$, $g'(y) > 0$ e $g''(y) < 0$ per $y > 0$. La funzione f è globalmente lipschitziana perchè si ha $1 - g'(0) < 1 - g'(y) = f'(y) < 1$, per ogni $y > 0$ (cfr. l'Osservazione 1.1). Allora, in base al teorema di esistenza e unicità globale, per ogni $c \in \mathbb{R}$ il problema di Cauchy (1.11) ha una e una sola soluzione $y_c(t)$. Restringiamo l'analisi ai valori inziali $c \geq 0$. Se $c = 0$ il problema (1.11) ha la soluzione identicamenete nulla e per $c > 0$ le soluzioni sono positive. Dalle ipotesi fatte su g segue che l'equazione $y = g(y)$, $y > 0$, ha un'unica soluzione $y = L > 0$. Ovviamente $y(t) \equiv L$ è soluzione di (1.11) per $c = L$. Per ogni $c > 0$, $c \neq L$, la soluzione $y_c(t)$ non incontra la retta $y = L$. Inoltre si ha:

$$y'(t) > 0 \iff 0 < y(t) < L.$$

Studiamo ora la convessità delle soluzioni. Si ha $y''(t) = y'(t) - g'(y(t))y'(t)$. Poichè $g'(0) > 1$, l'equazione $g'(y) = 1$ ha una soluzione $y = k$, che è unica poichè $g'' < 0$. Notiamo anche che dal fatto che $g'(L) < 1$ segue che $0 < k < L$. Allora

$$y''(t) > 0 \iff \{y(t) > L\} \cup \{0 < y(t) < k\}.$$

Vogliamo ora studiare il comportamento asintotico per $t \to +\infty$ delle soluzioni $y_c(t)$, $c > 0$. Per $c > L$ la soluzione $y_c(t) > L$ ed è quindi strettamente decrescente. Ne segue che $y_c(t) \to \ell \geq L$ per $t \to +\infty$. Inoltre è facile verificare che $y_c'(t) \to 0$ per $t \to +\infty$. Passando al limite nell'identità $y'(t) \equiv y(t) - g(y(t))$ si trova $0 = \ell - g(\ell)$ e quindi $\ell = L$. Lo stesso ragionamento mostra che anche per $0 < c < L$ si ha che $y_c(t) \to L$ per $t \to +\infty$. Se $c > L$ la soluzione $y_c(t)$ è convessa. Se $k < c < L$ la soluzione $y_c(t)$ è concava. Infine, se $0 < c < k$ la soluzione $y_c(t)$ attraversa la retta $y = k$ in un unico punto $t = t_k$ e $y_c(t)$ è convessa per $t < t_k$ mentre è concava per $t > t_k$. I grafici di $y_c(t)$, per $t \geq 0$, al variare di $c > 0$, sono riportati nella Fig. 1.3.

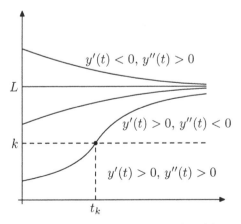

Fig. 1.3. Comportamento asitotico di $y_c(t)$, $c > 0$

Osservazione 1.7. Gli stessi ragionamenti possono essere ripetuti nel caso in cui $g \in C^2(0, +\infty)$, $g'(y) > 0$, $g''(y) < 0$ e $g'(y) \to +\infty$ per $y \to 0+$.

1.6.5 Un teorema di confronto

Proviamo:

Teorema 1.8 (Teorema di confronto). *Supponiamo $f, g \in C(\Omega)$ siano localmente lipschitziane in $\Omega \subset R^2$. Siano $y(t)$ e $z(t)$ le soluzioni di, ripettivamente*

$$\begin{cases} y' = f(t, y), \\ y(t_0) = \xi, \end{cases}$$

e

$$\begin{cases} z' = g(t, z), \\ z(t_0) = z_0 \end{cases}$$

definite in un comune intervallo $[t_0, b)$. Supponiamo inoltre che $f(t, y) < g(t, y)$ in Ω e che $\xi < z_0$. Allora $y(t) < z(t)$ in tutto $[t_0, b)$.

Dimostrazione. Per continuità, $y(t) < z(t)$ in un intorno destro di $t = t_0$. Poniamo $A = \{t \in [t_0, b) : y(t) \geq z(t)\}$ e supponiamo per assurdo che $A \neq \emptyset$. Se $\tau = \inf A$, si ha $y(\tau) = z(\tau)$. Allora, in base alle ipotesi fatte,

$$y'(\tau) = f(\tau, y(\tau)) = f(\tau, z(\tau)) < g(\tau, z(\tau)) = z'(\tau).$$

Perciò $y(t) > z(t)$ in un intorno sinistro di τ e questo è in contrasto col fatto che $\tau = \inf A$. □

1.7 Appendice. Dimostrazione del Principio delle Contrazioni di Banach

Dato $u_0 \in M$, definiamo per ricorrenza

$$u_{k+1} = T[u_k], \qquad k \geq 0.$$

Si ha, per $k \geq 1$,

$$d(u_{k+1}, u_k) = d(T[u_k], T[u_{k-1}]) \leq Cd(u_k, u_{k-1})$$

e quindi, per induzione,

$$d(u_{k+1}, u_k) \leq C^k d(u_1, u_0).$$

Allora

$$d(u_{k+m}, u_k) \leq d(u_{k+m}, u_{k+m-1}) + \ldots + d(u_{k+1}, u_k)$$
$$\leq (C^{k+m-1} + \ldots + C^k)d(u_1, u_0).$$

Poiché $C < 1$ la serie $\sum C^k$ converge. Ne segue che u_k è una successione di Cauchy e quindi esiste $u^* \in M$ tale che $d(u_k, u^*) \to 0$. Passando al limite in $u_{k+1} = T[u_k]$ troviamo $u^* = T[u^*]$, cioè u^* è un punto fisso di T. Per dimostrare l'unicità basta osservare che se $u^*, v^* \in M$ sono punti fissi di T si ha

$$d(u^*, v^*) = d(T[u^*], T[v^*]) \leq C\, d(u^*, v^*).$$

Poiché $C < 1$ segue che $d(u^*, v^*) = 0$ e quindi $u^* = v^*$. $\qquad\qquad\square$

1.8 Esercizi

1. Integrare $y' = \alpha y + q(t)$, $\alpha \in \mathbb{R}$.
2. Idem per $y' = ty + e^{t^2}$.
3. Trovare le soluzioni di $(2at + y)dt + (t + 2by)dy = 0$, $a, b \in \mathbb{R}$. Discutere il comportamento delle soluzioni distinguendo $ab > 0$ e $ab < 0$.
4. Integrare:
   (i) $2tdt + (t^2 + y^2)dy = 0$;
   (ii) $(t + y^2)dt + (1 + t)ydy = 0$.
5. Calcolare il fattore integrante nel caso dell'equazione lineare $y' = p(t)y + q(t)$, ritrovando il risultato discusso nel punto (i) della Sezione 1.6.
6. Usando il cambiamento di variabile $y^r z = y$, integrare *l'equazione di Bernoulli*
   $$y' + p(t) + q(t)y^r = 0, \qquad r \in \mathbb{R}, \quad y > 0.$$
7. Usare un procedimento simile per integrare l'equazione $y' + p(t)y = q(t)y^m$ $(m \neq 1, y > 0)$:
   (i) risolvere $y' + \frac{y}{t} = y^2$;
   (ii) risolvere $y' + y = y^{2/3}$.
8. Se $f(t, y)$ è una funzione omogenea, usare la sostituzione $y = tz$ per trasformare l'equazione $y' = f(t, y)$ nell'equazione a variabili separabili $z' + tz = f(1, z)$:

   (i) risolvere il problema di Cauchy
   $$\begin{cases} t^2 y' = t^2 + ty + y^2, \\ y(1) = 0; \end{cases}$$

   (ii) risolvere l'equazione $y' = \frac{t^2 + y^2}{ty}$.

9. Integrare le equazioni di Clairaut:
   (i) $y = ty' + \sqrt{1 + (y')^2}$;
   (ii) $y = ty' + \log y'$.

10. Discutere l'andamento qualitativo delle soluzioni delle seguenti equazioni:

(i) $y' = y^2 - t^2$;

(ii) $y' = (y - t)^2$;

(iii) $y' = (y + t - 2)(y - t)^{-1}$;

(iv) $y' = y^2 - y^4$;

(v) $y' = \sqrt{1 - y^2}$. Mostrare che le soluzioni sono archi di funzioni $\sin t$. Cosa accade per $|y| = 1$?

2
Sistemi ed equazioni di ordine superiore

2.1 Sistemi ed equazioni di ordine n

Sia $(y_1, \ldots, y_n) \in \mathbb{R}^n$, $\Omega \subset \mathbb{R} \times \mathbb{R}^n$ ed $f_i : \Omega \ni (t, y_1, \ldots, y_n) \mapsto \mathbb{R}$, $i = 1, 2,, \ldots, n$. Consideriamo il sistema

$$\begin{cases} y_1' = f_1(t, y_1, \ldots, y_n), \\ \cdots\cdots \\ y_n' = f_n(t, y_1, \ldots, y_n). \end{cases}$$

Introducendo i vettori $y = (y_1, \ldots, y_n)$ e $f = (f_1, \ldots, f_n)$ il sistema precedente si può scrivere nella forma compatta

$$y' = f(t, y) \tag{2.1}$$

che, formalmente, è dello stesso tipo di (1.1).

Il sistema si dice *autonomo* se $f = f(y)$ non dipende da t. Se $y^* \in \mathbb{R}^n$ è tale che $f(y^*) = 0$ allora $y(t) \equiv y^*$ è una *soluzione di equilibrio* (o semplicemente un *equilibrio*) di $y' = f(y)$.

Esempio 2.1. Consideriamo il sistema autonomo

$$\begin{cases} y_1' = A(y_1, y_2), \\ y_2' = B(y_1, y_2), \end{cases}$$

che è del tipo (2.1) con $(y_1, y_2) \in \mathbb{R}^2$, $f_1 = A$ e $f_2 = B$. Gli equilibri di questo sistema sono i punti $(y_1^*, y_2^*) \in \mathbb{R}^2$ tali che $A(y_1^*, y_2^*) = B(y_1^*, y_2^*) = (0, 0)$.

Sia $y_1 = y_1(t), y_2 = y_2(t)$ una soluzione. Nei punti dove $A \neq 0$, si ha $y_1'(t) \neq 0$ e quindi $y_1(t)$ è (localmente) invertibile con inversa $t = t(y_1)$. Posto

$$y_2(y_1) = y_2(t(y_1)),$$

Ambrosetti A.: Appunti sulle equazioni differenziali ordinarie
DOI 10.1007/978-88-2394-9_2, © Springer-Verlag Italia 2012

si ha

$$\frac{dy_2}{dy_1} = \frac{dy_2}{dt} \cdot \frac{dt}{dy_1} = \frac{y_2'}{\frac{dy_1}{dt}} = \frac{y_2'}{y_1'} = \frac{B(y_1, y_2)}{A(y_1, y_2)}.$$

Con un ragionamento analogo, se $B(y_1, y_2) \neq 0$, si troverà l'equazione

$$\frac{dy_1}{dy_2} = \frac{A(y_1, y_2)}{B(y_1, y_2)}.$$ □

Nel caso particolare in cui

$$f_1 = y_2, \ f_2 = y_3, \ \ldots, \ f_{n-1} = y_n, \ f_n = f(t, y_1, \ldots, y_n),$$

il sistema (2.1) diventa l'equazione differenziale di ordine n in forma normale

$$y^{(n)} = f(t, y, y', \ldots, y^{(n-1)}). \tag{2.2}$$

Se $\xi = (\xi_1, \ldots, \xi_n) \in \mathbb{R}^n$, al sistema (2.1) si associa il problema di Cauchy

$$\begin{cases} y' & = f(t, y), \\ y(t_0) & = \xi. \end{cases} \tag{2.3}$$

In termini delle componenti (2.3) diventa

$$\begin{cases} y_i' & = f_i(t, y_1, \ldots, y_n), \quad i = 1, \ldots, n, \\ y_i(t_0) = \xi_i, \quad i = 1, \ldots, n. \end{cases}$$

Analogamente, all'equazione di ordine n (2.2) viene associato il problema di Cauchy

$$\begin{cases} y^{(n)} & = f(t, y, y', \ldots, y^{(n-1)}), \\ y(t_0) & = \xi_0, \\ y'(t_0) & = \xi_1, \\ \ldots & \ldots, \\ y^{(n-1)}(t_0) & = \xi_{n-1}. \end{cases}$$

Ripetendo i ragionamenti fatti nel capitolo precedente, si dimostrano facilmente i seguenti risultati che sono la controparte dei Teoremi 1.1, 1.5, 1.3 e 1.4 dimostrati nella sezione precedente.

Teorema 2.1. *(i) Se f è localmente lipschitziana in Ω allora (2.3) ha una ed una sola soluzione definita in un opportuno intorno di t_0.*

(ii) Se f è globalmente lipschitziana nella striscia $\{a \leq t \leq b, \ y \in \mathbb{R}^n\}$, allora (2.3) ha una ed una sola soluzione definita in $[a, b]$.

Teorema 2.2. *(i) La soluzione $\phi^t(\xi)$ di (2.3) è continua rispetto a ξ nel senso che*

$$\max_{t \in I_\delta} |\phi^t(\xi) - \phi^t(\xi')| \to 0, \qquad (|\xi - \xi'| \to 0).$$

(ii) L'applicazione $\xi \mapsto \phi^t(\xi)$ è differenziabile rispetto a ξ e $D_\xi \phi^t(\xi)$ è la matrice $A(t)$ che verifica l'equazione alle variazioni

$$A'(t) = f_y(t, \phi^t(\xi))A(t), \qquad A(0) = Id_{\mathbb{R}^n}, \qquad (2.4)$$

dove f_y indica la matrice jacobiana di componenti $f_{ij} = \partial f_i / \partial y_j$.

Nell'equazione precedente, il prodotto tra le matrici f_y e A è il prodotto righe per colonne.

Esempio 2.2. Se $y = (y_1, y_2) \in \mathbb{R}^2$, $f = (f_1, f_2)$ e $A = (a_{ij})$ l'equazione $A' = f_y A$ diventa

$$A' = \begin{pmatrix} f_{11} & f_{12} \\ f_{21} & f_{22} \end{pmatrix} \times \begin{pmatrix} a_{11} & a_{12} \\ a_{21} & a_{22} \end{pmatrix} = \begin{pmatrix} f_{11}a_{11} + f_{12}a_{21} & f_{11}a_{12} + f_{12}a_{22} \\ f_{21}a_{11} + f_{22}a_{21} & f_{21}a_{12} + f_{22}a_{22} \end{pmatrix}$$

ovvero

$$\begin{cases} a'_{11} = f_{11}a_{11} + f_{12}a_{21} \\ a'_{12} = f_{11}a_{12} + f_{12}a_{22} \\ a'_{21} = f_{21}a_{11} + f_{22}a_{21} \\ a'_{22} = f_{21}a_{12} + f_{22}a_{22} . \end{cases}$$

Le condizioni iniziali $A(0) = Id_{\mathbb{R}^n}$ porgono

$$\begin{pmatrix} a_{11}(0) & a_{12}(0) \\ a_{21}(0) & a_{22}(0) \end{pmatrix} = \begin{pmatrix} 1 & 0 \\ 0 & 1 \end{pmatrix}.$$

Due casi particolari sono proposti come esercizi al termine del capitolo.

2.1.1 Sistemi lineari omogenei a coefficienti costanti nel piano

Usiamo la notazione $y = (y_1, y_2)$ con $y_1, y_2 \in \mathbb{R}$. Un sistema lineare omogeneo con coefficienti costanti in due variabili è del tipo

$$\begin{cases} y'_1 = ay_1 + by_2, \\ y'_2 = cy_1 + dy_2, \end{cases} \qquad (L)$$

con $a, b, c, d \in \mathbb{R}$. Introduciamo la matrice

$$A = \begin{pmatrix} a & b \\ c & d \end{pmatrix}.$$

Allora (L) può essere scritto come $y' = Ay$. Gli equilibri di (L) sono i punti $y^* \in \mathbb{R}^2$ tali che $Ay^* = 0$. Se A è non singolare, allora l'unico equilibrio di (L) è $y^* = (0, 0)$.

Vogliamo studiare l'andamento qualitativo delle soluzioni di (L). Premettiamo un lemma. Ricordiamo che due matrici non singolari A, B sono simili se esiste una matrice M non singolare tale che $A = M B M^{-1}$. Due matrici simili hanno gli stessi autovalori.

Ci chiediamo che relazioni ci sono tra la soluzione $y(t)$ di (L) tale che $y(0) = \xi$ e la soluzione $v(t)$ di

$$v' = B(v), \qquad v(0) = M^{-1}(\xi).$$

Lemma 2.1. *Si ha $u(t) = M(v(t))$.*

Dimostrazione. Poniamo $z(t) = M(v(t))$. Si ha

$$z' = M(v') = M\,Bv = MBM^{-1}z = Az.$$

Inoltre

$$z(0) = M(v(0)) = MM^{-1}(\xi) = \xi.$$

Allora $y(t)$ e $z(t)$ verificano lo stesso problema di Cauchy e quindi coincidono. $\qquad\square$

In particolare, le soluzioni dei due sistemi hanno le stesse proprietà qualitative, a cui siamo interessati.

Supponiamo che A sia non-singolare. Indichiamo con J la forma normale di Jordan di A. In base al Lemma 2.1, possiamo considerare il sistema $u' = Ju$, le cui soluzioni hanno le stesse proprietà qualitative di $y' = Ay$. Siano $\lambda_1, \lambda_2 \neq 0$ gli autovalori A.

Distinguiamo i seguenti casi:

Caso (1). Se $\lambda_1, \lambda_2 \in \mathbb{R}$ e $\lambda_1 \neq \lambda_2$, allora

$$J = \begin{pmatrix} \lambda_1 & 0 \\ 0 & \lambda_2 \end{pmatrix}$$

e il sistema $u' = Ju$ diventa:

$$\begin{cases} y_1' &= \lambda_1 y_1, \\ y_2' &= \lambda_2 y_2. \end{cases} \tag{2.5}$$

Se imponiamo le condizioni iniziali $y_1(0) = p_1$, $y_2(0) = p_2$ troviamo le soluzioni:

$$y_1 = p_1 e^{\lambda_1 t}, \qquad y_2 = p_2 e^{\lambda_2 t}.$$

Se $p_1 \neq 0$, troviamo

$$y_2 = \frac{p_2}{p_1} y_1^{\lambda_2/\lambda_1}.$$

Se $\lambda_1 \cdot \lambda_2 > 0$ l'equilibrio $u = (0,0)$ è detto *Nodo*. Le traiettorie nel piano (y_1, y_2) sono riportate nella Fig. 2.1, distinguendo i casi $\lambda_2/\lambda_1 > 1$ e $\lambda_2/\lambda_1 < 1$.

Invece, se $\lambda_1 \cdot \lambda_2 < 0$ si trovano delle iperboli e l'equilibrio $u = (0,0)$ è detto *Sella*, cfr. la Fig. 2.2.

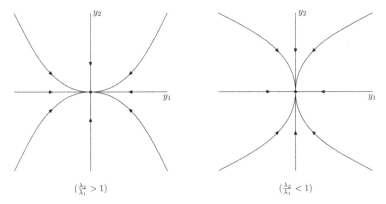

Fig. 2.1. Nodo nel Caso (1) con $\lambda_1 \cdot \lambda_2 > 0$ con $\lambda_1, \lambda_2 < 0$; se $\lambda_1, \lambda_2 > 0$ le frecce vanno invertite

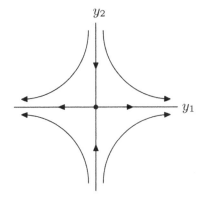

Fig. 2.2. Sella nel Caso (1) con $\lambda_1 \cdot \lambda_2 < 0$

Caso (2). Se $\lambda_1, \lambda_2 \in \mathbb{R}$ e $\lambda_1 = \lambda_2$, allora o

$$(2a) \quad J = \begin{pmatrix} \lambda_1 & 0 \\ 0 & \lambda_1 \end{pmatrix}, \quad \text{o } (2b) \qquad J = \begin{pmatrix} \lambda_1 & 1 \\ 0 & \lambda_1 \end{pmatrix}.$$

Nel Caso (2a) il sistema $u' = Ju$ diventa,

$$\begin{cases} y_1' & = \lambda_1 y_1, \\ y_2' & = \lambda_1 y_2. \end{cases} \tag{2.6}$$

Troviamo $y_2 = ky_1$, $k \in \mathbb{R}$. L'equilibrio $(0,0)$ è un *Nodo*, cfr. la Fig. 2.3.

Nel Caso (2b) si trova

$$\begin{cases} y_1' & = \lambda_1 y_1 + y_2, \\ y_2' & = \lambda_1 y_2. \end{cases} \tag{2.7}$$

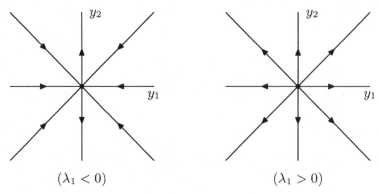

$(\lambda_1 < 0)$ $(\lambda_1 > 0)$

Fig. 2.3. Nodo nel Caso (2a)

Allora le soluzioni tali che $y_1(0) = p_1$, $y_2(0) = p_2$ sono date da

$$y_1 = (p_1 + p_2 t)e^{\lambda_1 t}, \qquad y_2 = p_2 e^{\lambda_1 t}.$$

Se $p_2 = 0$ allora

$$y_2 \equiv 0, \qquad y_1 = p_1 e^{\lambda_1 t}.$$

Se $p_2 \neq 0$, allora

$$t = \lambda_1^{-1} \log(y_2/p_2)$$

e quindi

$$y_1 = t y_2 + \frac{p_1}{p_2} y_2 = \frac{y_2}{\lambda_1} \left(\log |y_2| + k \right).$$

L'equilibrio è un *Nodo*, cfr. la Fig. 2.4.

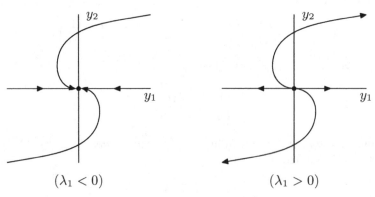

$(\lambda_1 < 0)$ $(\lambda_1 > 0)$

Fig. 2.4. Nodo nel Caso (2b)

Caso (3). Se gli autovalori di J sono complessi coniugati, $\lambda_{1,2} = \alpha \pm i\beta$, dove i denota l'unità immaginaria, allora

$$J = \begin{pmatrix} \alpha & -\beta \\ \beta & \alpha \end{pmatrix}$$

e il sistema $u' = Ju$ diventa

$$\begin{cases} y_1' = \alpha y_1 - \beta y_2, \\ y_2' = \beta y_1 + \alpha y_2. \end{cases} \tag{2.8}$$

Caso (3a). Se $\alpha = 0$ si trova il sistema

$$\begin{cases} y_1' = -\beta y_2 \\ y_2' = \beta y_1. \end{cases}$$

Che è equivalente all'oscillatore armonico $y'' + \beta^2 y = 0$ il cui integrale è dato da

$$y = c_1 \sin \beta t + c_2 \cos \beta t.$$

Dalla relazione

$$\frac{d}{dt}(y_1^2 + y_2^2) = 2xx' + 2yy' = 0,$$

seque che $y_1^2 + y_2^2 =$ costante e quindi le traiettorie nel piano (y_1, y_2) sono delle circonferenze di centro l'origine. L'equazione $y'' + \beta^2 y = 0$ è anche equivalente a

$$\begin{cases} y' = p \\ p' = -\beta^2 y. \end{cases}$$

Il piano (y, p) viene chiamato *piano delle fasi* e verrà discusso più in generale nella sezione seguente. Le variabili y, p verificano $\beta^2 y^2 + p^2 = c$, dove la costante c dipende dalle condizioni iniziali. Quindi le traiettorie nel piano delle fasi (y, p) sono delle ellissi, cfr. la Fig. 2.5.

Caso (3b). Se $\alpha \neq 0$, è conveniente introdurre le coordinate polari $y_1 = \rho \cos \theta$, $y_2 = \rho \sin \theta$. Si ha

$$y_1' = \rho' \cos \theta - \rho \theta' \sin \theta, \qquad y_2' = \rho' \sin \theta + \rho \theta' \cos \theta.$$

Sostituendo in $u' = Ju$ troviamo

$$\begin{cases} \rho' = \alpha \rho, \\ \theta' = \beta \end{cases}$$

che può essere integrato esplicitamente trovando le soluzioni

$$\rho = c_1 e^{\alpha t}, \qquad \theta = \beta t + c_2,$$

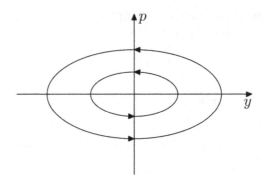

Fig. 2.5. Centro nel Caso (3a) (con $\beta > 0$); se $\beta < 0$ le frecce vanno invertite

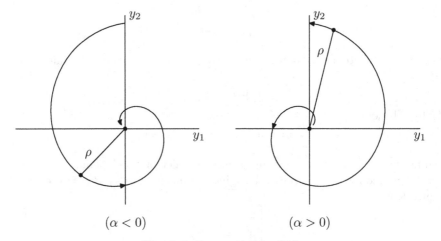

$(\alpha < 0)$ $\qquad\qquad\qquad$ $(\alpha > 0)$

Fig. 2.6. Fuoco nel Caso (3b)

una famiglia di spirali logaritmiche. Osserviamo che $\rho(t)$ è crescente se $\alpha > 0$, decrescente se $\alpha < 0$. Inoltre

$$\begin{cases} \lim_{t \to +\infty} \rho(t) = +\infty, \text{ if } \alpha > 0; \\ \lim_{t \to +\infty} \rho(t) = 0, \quad \text{ if } \alpha < 0. \end{cases}$$

L'origine è detta *Fuoco*, cfr. la Fig. 2.6.

Ricapitoliamo quanto visto sopra nella seguente tabella:

Autovalori $\lambda_{1,2}$	*Equilibrio*
$\lambda_{1,2} \in \mathbb{R}, \lambda_1 \cdot \lambda_2 > 0$	Nodo
$\lambda_{1,2} \in \mathbb{R}, \lambda_1 \cdot \lambda_2 < 0$	Sella
$\lambda_{1,2} = \alpha \pm i\beta, \alpha \neq 0$	Fuoco
$\lambda_{1,2} = i\beta, \alpha = 0$	Centro

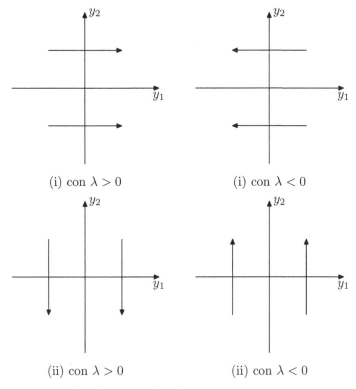

(i) con $\lambda > 0$ (i) con $\lambda < 0$

(ii) con $\lambda > 0$ (ii) con $\lambda < 0$

Fig. 2.7. Casi (i) e (ii) in cui A è singolare

Per completare lo studio del sisyema $y' = Ay$, consideriamo i casi

$$(i) \quad A = \begin{pmatrix} \lambda & 0 \\ 0 & 0 \end{pmatrix}, \quad \text{oppure} \quad (ii) \quad A = \begin{pmatrix} 0 & 0 \\ 0 & \lambda \end{pmatrix}.$$

Nel caso (i) la soluzione tale che $y_1(0) = p_1, y_2(0) = p_2$ è $y_1(t) = p_1 e^{\lambda}t, y_2(t) \equiv p_2$. Nel piano (y_1, y_2) si tratta di rette parallele all'asse y_1. Analogamente, se $\lambda_2 = 0$ si trova $y_1(t) = p_1$, $y_2(t) \equiv p_2 e^{\lambda}t$. Cfr. la Fig. 2.7.

Infine, se $A = \begin{pmatrix} 0 & b \\ 0 & 0 \end{pmatrix}$ si ha $y_1(t) = bt + p_1$, $y_2(t) \equiv p_2$, mentre se A è la matrice nulla, allora $y_1(t) \equiv p_1$, $y_2(t) \equiv p_2$.

Sulla *stabilità* dell'equilibrio dei sistemi piani si veda la Sezione 5.1.1.

2.2 Sistemi ed equazioni lineari di ordine n

In questa sezione studieremo i sistemi e le equazioni differenziali lineari di ordine n. Tratteremo in modo particolare il caso delle equazioni di ordine n.

Al termine discuteremo più brevemente i sistemi, con particolare riguardo a quelli lineari a coefficienti costanti.

Cominciamo con le equazioni di ordine n.

Sia $I \subset \mathbb{R}$ un intervallo, $\alpha_i \in C(I)$, $i = 0, 1, \ldots, n$, e $\beta \in C(I)$. Consideriamo l'equazione differenziale di ordine n

$$\alpha_n(t)y^{(n)} + \alpha_{n-1}(t)y^{(n-1)} + \ldots + \alpha_0(t)y = \beta(t).$$

Se $\alpha_n(t) \neq 0$ in I, posto $a_i = \alpha_i/\alpha_n$, $b = \beta/\alpha_n$ e

$$\mathbb{L}[y] = y^{(n)} + a_{n-1}(t)y^{(n-1)} + \ldots + a_0(t)y$$

l'equazione si può scrivere nella forma

$$\mathbb{L}[y] = b(t). \tag{2.9}$$

Se $b(t) \equiv 0$ l'equazione

$$\mathbb{L}[y] = 0 \tag{2.10}$$

si chiama *equazione omogenea associata* a (2.9).

Ovviamente, a (2.9) si può applicare il teorema di esistenza e unicità globale del relativo problema di Cauchy.

È immediato verificare che $\mathbb{L}$ è un operatore lineare nel senso che $\mathbb{L}[\mu y + \nu z] = \mu \mathbb{L}[y] + \nu \mathbb{L}[z]$ per ogni $\mu, \nu \in \mathbb{R}$. Quindi:

Lemma 2.2. *Se y e z sono due soluzioni di* (2.10), *allora $\mu y + \nu z$ è una soluzione di* (2.10) *per ogni $\mu, \nu \in \mathbb{R}$.*

Date n soluzioni $y_1, \ldots, y_n$ di (2.10), consideriamo la matrice

$$W(t) = \begin{pmatrix} y_1 & y_1' & \cdots & y_1^{n-1} \\ y_2 & y_2' & \cdots & y_2^{n-1} \\ & \cdots & \\ y_n & y_n' & \cdots & y_n^{n-1} \end{pmatrix}.$$

Indichiamo con $w(t)$ il determinante di $W(t)$. w viene detto *Wronskiano* di $y_1, \ldots, y_n$.

Lemma 2.3. *w verifica $w' = -a_{n-1}w$. Quindi*

$$w(t) = w(t_0)e^{-\int_{t_0}^{t} a_{n-1}(s)ds}.$$

In particolare o $w(t) \equiv 0$ in I oppure $w(t) \neq 0$ per ogni $t \in I$.

Dimostrazione. Per semplificare le notazioni e per rendere più agile il discorso, faremo la dimostrazione per $n = 2$. Il caso generale si prova in modo del tutto simile. Sia dunque

$$W(t) = \begin{pmatrix} y_1 & y_1' \\ y_2 & y_2' \end{pmatrix}.$$

Quindi $w(t) = y_1 y_2' - y_1' y_2$. Allora, usando il fatto che $y_i'' = -(a_1 y_i' + a_0 y_i)$, $i = 1, 2$, si trova

$$w' = y_1 y_2'' - y_1'' y_2 = -y_1(a_1 y_2' + a_0 y_2) + y_2(a_1 y_1' + a_0 y_1)$$
$$= a_1 y_1' y_2 - a_1 y_1 y_2' = -a_1 w.$$

$\square$

Definizione 2.1. *Diremo che n soluzioni $y_1, \ldots, y_n$ di (2.10) formano un sistema fondamentale di soluzioni se il loro wronskiano è non nullo.*

Teorema 2.3. *Se $y_1, \ldots, y_n$ formano un sistema fondamentale di soluzioni di (2.10) allora per ogni soluzione y di (2.10) esistono n costanti $c_1, \ldots, c_n$ tali che $y = c_1 y_1 + \ldots + c_n y_n$.*

Dimostrazione. Anche in questo caso dimostreremo il teorema nel caso $n = 2$. Consideriamo, per ogni $t \in I$, il sistema

$$\begin{cases} \alpha_1 y_1(t) + \alpha_2 y_2(t) = y(t) \\ \alpha_1 y_1'(t) + \alpha_2 y_2'(t) = y'(t) \end{cases}$$

nelle incognite α_1, α_2. La matrice del sistema non è altro che $W(t)$. Poiché il suo determinante $w(t)$ non si annulla mai in I, allora per ogni $t \in I$ il sistema ha un'unica soluzione $\alpha_i = c_i(t)$ che verifica

$$\begin{cases} c_1(t)y_1(t) + c_2(t)y_2(t) = y(t) \\ c_1(t)y_1'(t) + c_2(t)y_2'(t) = y'(t). \end{cases} \tag{2.11}$$

Poiché y_i e y sono regolari anche le $c_i(t)$ lo sono. Derivando la $c_1(t)y_1(t) + c_2(t)y_2(t) = y(t)$ si trova

$$c_1' y_1 + c_1 y_1' + c_2' y_2 + c_2 y_2' = y' = c_1 y_1' + c_2 y_2',$$

ovvero

$$c_1' y_1 + c_2' y_2 = 0. \tag{2.12}$$

Deriviamo ora $c_1(t)y_1'(t) + c_2(t)y_2'(t) = y'(t)$. Si ha

$$c_1' y_1' + c_1 y_1'' + c_2' y_2' + c_2 y_2'' = y''.$$

Le funzioni y, y_1, y_2 verificano (2.10). Allora

$$y'' = c_1' y_1' - c_1(a_1 y_1' + a_0 y_1) + c_2' y_2' - c_2(a_1 y_2' + a_0 y_2)$$
$$= c_1' y_1' + c_2' y_2' - (a_1 y' + a_0 y)$$
$$= c_1' y_1' + c_2' y_2' + y''$$

e questo implica

$$c_1' y_1' + c_2' y_2' = 0. \tag{2.13}$$

Da (2.12) e (2.13) segue che c_1', c_2' verficano il sistema

$$\begin{cases} c_1' y_1 + c_2' y_2 = 0 \\ c_1' y_1' + c_2' y_2' = 0 \end{cases}.$$

Il determinante della matrice di questo sistema è il wronskiano $w(t)$ di y_1, y_2. Poiché $w(t) \neq 0$ in I, si deduce che $c_i'(t) \equiv 0$ in I. Quindi $c_i(t)$ sono costanti. $\square$

Il risultato precedente si può esprimere dicendo che l'*integrale generale* di $\mathbb{L}[y] = 0$ è dato da $c_1 y_1 + \ldots + c_n y_n$ al variare di $c_1, \ldots, c_n \in \mathbb{R}$.

Corollario 2.1. *Le soluzioni di $\mathbb{L}[y] = 0$ formano uno spazio vettoriale V_n dimensione n. Una base in V_n è formata da un sistema fondamentale di soluzioni di $\mathbb{L}[y] = 0$.*

Osservazione 2.1. Per trovare un sistema fondamentale di soluzioni di $\mathbb{L}[y] = 0$ basta cercare le soluzioni y_i verificanti le condizioni iniziali

$$y_1(t_0) = \eta_1, \ y_1'(t_0) = 0, \ \ldots \ y_1^{n-1}(t_0) = 0$$
$$y_2(t_0) = 0, \ y_2'(t_0) = \eta_2, \ \ldots \ y_2^{n-1}(t_0) = 0$$
$$\ldots$$
$$y_n(t_0) = 0, \ y_n'(t_0) = 0, \ \ldots \ y_n^{n-1}(t_0) = \eta_n$$

con $\eta_1 \cdot \eta_2 \cdots \eta_n \neq 0$, in modo che

$$w(t_0) = \begin{vmatrix} \eta_1 & 0 & \ldots & 0 \\ 0 & \eta_2 & \ldots & 0 \\ & & \ldots & \\ 0 & 0 & \ldots & \eta_n \end{vmatrix} = \eta_1 \cdot \eta_2 \cdots \eta_n \neq 0.$$

2.2.1 Equazioni lineari non omogenee

Cominciamo mostrando:

Teorema 2.4. *L'integrale generale di $\mathbb{L}[y] = b$ si ottiene sommando l'integrale generale di $\mathbb{L}[y] = 0$ ad un integrale particolare y^* di $\mathbb{L}[y] = b$.*

Dimostrazione. È chiaro che $\mathbb{L}[y + y^*] = \mathbb{L}[y] + \mathbb{L}[y^*] = b$. Viceversa, se $\widetilde{y}$ è una qualunque soluzione di $\mathbb{L}[y] = b$, allora $\mathbb{L}[\widetilde{y} - y^*] = \mathbb{L}[\widetilde{y}] - \mathbb{L}[y^*] = 0$. Se $y_1, \ldots, y_n$ sono un sistema fondamentale di soluzioni di $\mathbb{L}[y] = 0$, in base al teorema precedente, esistono n costanti $c_1, \ldots, c_n$ tali che $\widetilde{y} - y^* = c_1 y_1 + \ldots + c_n y_n$ e quindi $\widetilde{y} = c_1 y_1 + \ldots + c_n y_n + y^*$. $\square$

Vediamo ora come si può trovare un integrale particolare di $\mathbb{L}[y] = b$, conoscendo l'integrale dell'omogenea associata $\mathbb{L}[y] = 0$. Useremo il procedimento esposto in precedenza, cercando una soluzione di $\mathbb{L}[y] = b$ nella forma $y = c_1(t) y_1(t) + \ldots + c_n(t) y_n(t)$, dove y_i formano un sistema fondamentale di $\mathbb{L}[y] = 0$.

Faremo ancora il caso in cui $n = 2$. Ripetendo i ragionamenti fatti, si trova che $c_1(t)y_1(t) + c_2(t)y_2(t)$ è soluzione di $\mathbb{L}[y] = b$ se e solo se

$$\begin{cases} c_1'y_1 + c_2'y_2 = 0 \\ c_1'y_1' + c_2'y_2' = b. \end{cases}$$

Il determinante di questo sistema è il wronskiano $w(t)$ di y_1, y_2. Poiché y_1, y_2 formano un sistema fondamentale di $\mathbb{L}[y] = 0$, allora il suo determinante $w(t)$ è diverso da zero. Quindi il sistema ha un'unica soluzione data da

$$c_1'(t) = -\frac{b(t)y_2(t)}{w(t)}, \quad c_2'(t) = \frac{b(t)y_1(t)}{w(t)}.$$

Da queste relazioni si ricavano $c_1(t), c_2(t)$ per integrazione.

2.2.2 Equazioni a coefficienti costanti

Vediamo come si può trovare un sistema fondamentale di soluzioni di $\mathbb{L}[y] = 0$ nel caso in cui i coefficienti $a_0, \ldots, a_{n-1}$ sono costanti, cosa che verrà sottintesa nel seguito della sezione.

Un calcolo diretto mostra che la funzione $y = e^{\omega t}$, $\omega \in \mathbb{R}$, è una soluzione di $\mathbb{L}[y] = 0$ se solo se $\omega \in \mathbb{C}$ è una radice (reale) dell'equazione caratteristica

$$\mathcal{L}(\omega) := \omega^n + a_{n-1}\omega^{n-1} + \ldots + a_1\omega + a_0 = 0.$$

Se questa equazione ha una coppia di radici complesse coniugate $\omega = \alpha \pm i\beta$, $(i^2 = -1)$, allora $y = e^{\alpha t}\cos\beta t$ e $y = e^{\alpha t}\sin\beta t$ sono due soluzioni di $\mathbb{L}[y] = 0$, e viceversa. Formalmente, ricordando che

$$e^{(\alpha+i\beta)t} = e^{\alpha t}(\cos\beta t - i\sin\beta t),$$

possiamo dire anche in questo caso che $e^{\omega t}$ è soluzione di $\mathbb{L}[y] = 0$ se e solo se $\mathcal{L}(\omega) = 0$. Nel seguito, quando diremo che $e^{\omega t}$, $\omega = \alpha \pm i\beta$, è una soluzione di $\mathbb{L}[y] = 0$, intenderemo parlare della coppia di funzioni $e^{\alpha t}\cos\beta t$, $e^{\alpha t}\sin\beta t$.

Per stabilire se la famiglia $e^{\omega t}$ forma un sistema fondamentale per $\mathbb{L}[y] = 0$, calcoliamo il determinante wronskiano calcolato per $t = 0$. Cominciamo a considerare il caso in cui $\mathcal{L}(\omega) = 0$ ha n radici ω_j reali e distinte. È immediato verificare che

$$w(0) = \begin{vmatrix} 1 & \omega_1 & \ldots & \omega_1^{n-1} \\ 1 & \omega_2 & \ldots & \omega_2^{n-1} \\ & & \ldots & \\ 1 & \omega_n & \ldots & \omega_n^{n-1} \end{vmatrix},$$

(determinante di Vandermonde). È noto (cfr. ad es. [12, p.48]) che se ω_j sono radici semplici di $\mathcal{L}(\omega) = 0$, cioè sono a due a due distinte, allora $w(0) \neq 0$ e quindi $e^{\omega_j t}$ $(j = 1, \ldots, n)$ formano un sistema fondametale di $\mathbb{L}[y] = 0$. Se

$\omega_\ell = \omega_{\ell+1} = \ldots = \omega_{\ell+k}$ è una radice multipla di $\mathcal{L}(\omega) = 0$, allora le funzioni

$$y_\ell = e^{\omega_\ell t}, \; y_{\ell+1} = te^{\omega_\ell t}, \ldots, y_{\ell+k} = t^k e^{\omega_\ell t}$$

sono soluzioni di $\mathbb{L}[y] = 0$. Come prima, se $\omega_\ell = \alpha \pm i\beta$, si intende che ogni y_ℓ da sostituita dalla coppia $e^{\alpha t}\cos\beta t$, $e^{\alpha t}\sin\beta t$.

Supponiamo che $\mathcal{L}(\omega) = 0$ abbia r radici semplici $\omega_1, \ldots \omega_r$ e $n - r$ radici ω_{ℓ_s} di molteplicità k_s, consideriamo

$$e^{\omega_1 t}, \ldots, e^{\omega_r t}, e^{\omega_{\ell_1} t}, te^{\omega_{\ell_1} t}, \ldots, t^{k_s} e^{\omega_{\ell_s} t}, \ldots, e^{\omega_{\ell_{n-r}} t}, te^{\omega_{\ell_{n-r}} t}, \ldots, t^{k_r} e^{\omega_{\ell_{n-r}} t}.$$

Un calcolo diretto mostra che il loro wronskiano $w(0)$ è diverso da zero. Verifichiamo questa affermazione nel caso che $n = 3$ e l'equazione caratteristica $\mathcal{L}(\omega) = 0$ abbia una soluzione semplice $\omega_1 = a$ e una soluzione doppia $\omega_2 = \omega_3 = b \neq a$. La corripondente famiglia è

$$y_1 = e^{at}, \; y_2 = e^{bt}, \; y_3 = te^{bt}.$$

Poiché $y_3' = e^{bt} + tbe^{bt}$ e $y_3'' = 2be^{bt} + tb^2 e^{bt}$, il relativo wronskiano è dato da

$$w(0) = \begin{vmatrix} 1 & 1 & 0 \\ a & b & 1 \\ a^2 & b^2 & 2b \end{vmatrix} = (a - b)^2 \neq 0.$$

2.2.3 Sistemi a coefficienti costanti

In questa sezione finale vogliamo accennare al caso dei sistemi lineari

$$y' = Ay \tag{2.14}$$

dove $y = (y_1, \ldots, y_n) \in \mathbb{R}^n$ e A è una matrice $n \times n$ di componenti (a_{ij}).

Ricordiamo la definizione di *matrice esponenziale*. Se A è una matrice quadrata $n \times n$, la matrice esponenziale e^A è la matrice $n \times n$ definita ponendo

$$e^A = \sum_{k \geq 0} \frac{A^k}{k!} = I + A + \frac{A^2}{2!} + \ldots$$

Osserviamo che la serie a secondo membro è convergente[1].

Per ogni $x \in \mathbb{R}^n$ si ha

$$e^A(x) = \sum \frac{A^k x}{k!} = \sum_{k \geq 0} \frac{A^k x}{k!} = x + Ax + \frac{A^2 x}{2!} + \frac{A^3 x}{3!} + \ldots \tag{2.15}$$

---

[1] Se $M_k = (m_{ij}^{(k)})$ è una successione di matrici $n \times n$, si dice che la serie $\sum M_k$ converge se le serie $\sum m_{ij}^{(k)}$ convergono per ogni $i, j = 1, \ldots n$.

Si noti che, posto

$$\|A\| = \sup\{|Ax| : x \in \mathbb{R}^n, \, |x| = 1\},$$

si ha che

$$|a_{ij}| \leq \|A\| \leq \left(\sum a_{ij}^2\right)^{1/2}.$$

Inoltre, da $|A^k x| \leq \|A\|^k |x|$ segue che il termine generale $\frac{A^k x}{k!}$ può essere maggiorato da $\frac{\|A\|^k |x|}{k!}$. Di conseguenza, la serie (2.15) converge per ogni $x \in \mathbb{R}^n$. Il seguente esempio giustifica il termine matrice esponenziale.

Esempio 2.3. Se $n = 1$ e $A = a \in \mathbb{R}$ allora la matrice esponenziale diventa

$$\sum \frac{a^k}{k!}$$

che è l'esponenziale e^a.

In generale, se $A = (a_{ij})$ è diagonale (cioè $a_{ij} = 0$ per $i \neq j$, allora A^k è diagonale con componenti a_{ii}^k e quindi

$$e^A = \begin{pmatrix} e^{a_{11}} & 0 & \dots & 0 \\ 0 & e^{a_{22}} & .. & 0 \\ .. & .. & .. & .. \\ 0 & 0 & .. & e^{a_{nn}} \end{pmatrix}. \qquad \square$$

Lemma 2.4. *La funzione $t \mapsto e^{tA}$ è derivabile e si ha*

$$\frac{d}{dt} e^{tA} = A e^{tA}. \tag{2.16}$$

Quindi $y(t) = e^{tA}$ verifica $y' = Ay$.

Dimostrazione. Usiamo la definizione e troviamo

$$e^{tA} = \sum_{k \geq 0} \frac{t^k A^k}{k!} = I + A + tA + \frac{t^2 A^2}{2!} + \dots$$

Come abbiamo visto la serie $\sum_{k \geq 0} \frac{t^k A^k}{k!}$ converge totalmente. Possiamo allora derivare trovando

$$\frac{d}{dt} e^{tA} = \sum_{k \geq 0} \frac{k t^{k-1} A^k}{k!} = A + tA^2 + \frac{t^2 A^3}{2!} + \dots$$

$$= A \left(I + tA + \frac{t^2 A^2}{2!} + \dots \right) = A e^{tA}.$$

Dalla (2.16) segue che $y(t) = e^{tA}$ verifica $y' = A e^{tA} = Ay$. $\qquad \square$

In modo analogo a quanto visto per le equazioni di ordine n possiamo enunciare il seguente teorema:

Teorema 2.5. *L'integrale generale di $y' = Ay$ è dato da $e^{tA}(c)$, al variare di $c \in \mathbb{R}^n$.*

Dimostrazione. La dimostrazione si ottiene usando il lemma precedente e ripetendo i ragionamenti fatti per provare il Teorema 2.3. $\square$

Esempio 2.4. Se A è la matrice diagonale

$$A = \begin{pmatrix} \lambda_1 & 0 & \ldots & 0 \\ 0 & \lambda_2 & .. & 0 \\ .. & .. & .. & .. \\ 0 & 0 & .. & \lambda_n \end{pmatrix}$$

allora

$$e^{tA} = \begin{pmatrix} e^{\lambda_1 t} & 0 & \ldots & 0 \\ 0 & e^{\lambda_2 t} & .. & 0 \\ .. & .. & .. & .. \\ 0 & 0 & .. & e^{\lambda_n t} \end{pmatrix}.$$

Perciò, posto

$$y_1(t) = \begin{pmatrix} e^{\lambda_1 t} \\ 0 \\ .. \\ 0 \end{pmatrix}, \quad y_2(t) = \begin{pmatrix} 0 \\ e^{\lambda_2 t} \\ .. \\ 0 \end{pmatrix}, \quad \ldots \quad y_n(t) = \begin{pmatrix} 0 \\ 0 \\ .. \\ e^{\lambda_n t} \end{pmatrix}$$

l'integrale generale del sistema $y' = Ay$ è dato da

$$y(t) = e^{tA}(c) = \sum c_j y_j(t).$$ $\square$

Infine, si ha

Teorema 2.6. *L'integrale generale del sistema lineare non omogeneo*

$$y' = Ay + b(t), \qquad b(t) \in \mathbb{R}^n,$$

si ottiene sommando l'integrale generale del sistema omogeneo associato $y' = Ay$ ad un integrale particolare del sistema non omogeneo.

Anche qui la dimostrazione si ottiene in modo del tutto analogo a quanto fatto per le equazioni di ordine n nel Teorema 2.4.

2.3 Complementi

In questa sezione accenniamo a come si può cercare una soluzione $y(t)$ di un'equazione differenziale sviluppando y in serie di potenze. Per spiegare come si procede, consideriamo il caso particolare dell'equazione di Bessel (per maggiori dettagli su questo argomento si veda, ad es. [17, Sezioni 39–40]):

$$t^2 y'' + t y' + (t^2 - m^2) y = 0. \tag{2.17}$$

Per $m = 1$, cerchiamo una soluzione J_1 nella forma $J_1(t) = \sum_{k \geq 0} c_k t^k$. Si trova

$$t J_1' = \sum k c_k t^k, \quad t^2 J_1'' = \sum k(k-1) c_k t^k.$$

Da $t^2 y'' + t y' + t^2 y = y$ si deduce

$$\sum_{k \geq 0} (k^2 c_k t^k + c_k t^{k+2}) = \sum_{k \geq 0} c_k t^k. \tag{2.18}$$

Se richiediamo che $J_1(0) = 0$, ne segue che $c_0 = 0$. Eguagliando in (2.18) i coefficienti di t^2, ricaviamo $2^2 c_2 = c_2$ e quindi $c_2 = 0$. In modo simile si verifica che $c_k = 0$ per ogni k pari. Inoltre, l'equazione (2.18) implica che per k dispari vale la formula di ricorrenza

$$c_{k+2} = -\frac{c_k}{(k+1)(k+3)},$$

che permette di ricavare, dato $c_1 \in \mathbb{R}$, i coefficienti c_k per ogni k dispari $k \geq 3$. Quindi J_1 è una serie a segni alterni di potenze dispari:

$$J_1(t) = c_1 \left[t - \frac{t^3}{2 \cdot 4} + O(t^5) \right].$$

Si può dimostrare che la serie converge uniformemente e quindi tutti i calcoli fatti sono giustificati. L'andamento di $J_1(t)$ è riportato nella Fig. 2.8. In particolare, J_1 ha infiniti zeri. J_1 prende il nome di funzione di Bessel di ordine $m = 1$, di prima specie.

Se $m = 0$ un calcolo simile mostra che la soluzione J_0 tale che $J_0(0) = 1$, $J_0'(0) = 0$ è una funzione pari che oscilla infinite volte e gli zeri di J_0 e J_1 si alternano, cfr. Fig. 2.8.

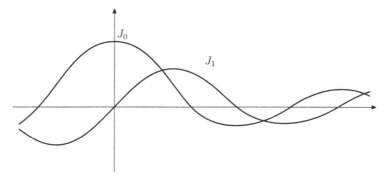

Fig. 2.8. Le funzioni di Bessel J_0 e J_1

2.4 Esercizi

1. L'equazione $ty'' - (1+t)y' + y = 0$ ha la soluzione $y^*(t) = 1 + t$. Usare la sostituzione $y = y^* z$ per ridurre l'equazione ad una equazione del primo ordine. Trovare quindi l'integrale generale.

2. Usare la sostituzione $s = \log|1 + t|$ per ridurre l'equazione $(1 + t)^2 y'' - (1 + t)y' + y = 4$ ad una del primo ordine e trovare l'integrale generale.

3. Si consideri il sistema
$$\begin{cases} y' &= z \\ z' &= -\omega^2 y \end{cases}$$

e si provi che la soluzione dell'equazione alle variazioni relativa alla soluzione $y = z \equiv 0$ è la matrice

$$A(t) = \begin{pmatrix} \cos\omega t & \sin\omega t \\ \sin\omega t & \cos\omega t \end{pmatrix}.$$

4. Nel caso del sistema
$$\begin{cases} x' &= y \\ y' &= \omega^2 x \end{cases}$$

provare che
$$A(t) = \begin{pmatrix} \cosh\omega t & \sinh\omega t \\ \sinh\omega t & \cosh\omega t \end{pmatrix}.$$

5. Provare che se $c > 0$ l'equazione $y''' + ay'' + by' + cy = 0$ ha almeno una soluzione tale che $y(t) \to 0$ per $t \to +\infty$.

6. Trovare l'integrale generale dell'equazione $y'''' + 2y'' + y = 0$.

7. Cercare un integrale particolare di $\mathbb{L}[y] = b(t)$ nei seguenti casi particolari:

    (i) $b(t)$ è un polinomio;
    (ii) $b(t) = e^{\lambda t}$;
    (iii) $b(t) = \cos\lambda t$ o $b(t) = \sin\lambda t$;
    (iv) $b(t) = t^k e^{\lambda t}$.

(Suggerimento: cercare una soluzione dello stesso tipo di b, distinguere se le radici dell'equazione caratteristica sono semplici o no.)

8. Integrare l'*equazione di Eulero* $x^2 y'' + axy' + by = 0$ $(x > 0)$. (Suggerimento: fare il cambiamento di variabile $x = e^t$ trasformando tale equazione in una nella variabile $z(t) = y(t)$).

9. In riferimento alle soluzioni J_0, J_1 dell'equazione di Bessel, provare che $(tJ_1)' = tJ_0$. Dedurre che se $t = a$ è il primo zero di J_1, allora $J_0(a) < 0$.

3

Analisi qualitativa per equazioni autonome del secondo ordine

In questo capitolo faremo un'analisi qualitativa per equazioni del tipo $y'' = f(y)$, che sono particolarmente interessanti per le applicazioni fisiche.

3.1 Analisi nel piano delle fasi

Nel caso in cui $f = f(y)$, è spesso conveniente studiare, invece dell'equazione $y'' = f(y)$ il sistema autonomo equivalente

$$\begin{cases} y' = p, \\ p' = f(y). \end{cases} \tag{3.1}$$

Il piano (y, p) è di solito chiamato *piano delle fasi*. Un esempio, è stato visto, nel caso particolare dei sistemi lineari omogenei in due variabili, nella Sezione 2.1.1.

Nel seguito supporremo, per semplicità, che $f \in C^\infty(\mathbb{R})$.

Osservazione 3.1. Le soluzioni di equilibrio di (3.1) sono i punti $(y^*, 0)$, con $f(y^*) = 0$.

Indicata con $F = F(y)$ una funzione tale che $F' = f$, consideriamo la funzione

$$E(y, p) = \frac{1}{2}p^2 - F(y).$$

Se $(y(t), p(t))$ verificano (3.1), poniamo

$$e(t) = E(y(t), p(t)).$$

Si ha

$$\frac{de}{dt} = E_y y' + E_p p' = pp' - F'(y)y' = pp' - f(y)p = p(p' - f(y)) = 0.$$

Ambrosetti A.: Appunti sulle equazioni differenziali ordinarie
DOI 10.1007/978-88-2394-9_3, © Springer-Verlag Italia 2012

Allora $e(t)$ è costante e dunque esiste $c \in \mathbb{R}$ tale che

$$\frac{1}{2}p^2(t) - F(y(t)) \equiv c. \tag{3.2}$$

La costante c dipende dalle condizioni inziali: se $y(t_0) = y_0$ e $p(t_0) = p_0$ allora $c = c_0$ dove

$$c_0 = \frac{1}{2}p_0^2 - F(y_0).$$

Osserviamo che le derivate parziali di E sono date da

$$E_y = -F'(y) = -f(y), \qquad E_p = p.$$

Se $(0, y^*)$ indicano i punti di equilibrio di (3.1), le costanti $c = E(0, y^*)$ saranno chiamate *valori singolari* di E. Per ogni c diverso dai valori singolari di E, l'equazione $E(y, p) = c$ definisce localmente, tramite il teorema della funzione implicita del Dini, una curva γ_c nel piano delle fasi (y, p). Per trovare la legge oraria delle soluzioni, consideriamo ad esempio un arco $\widetilde{\gamma}_c$ di γ_c dove $E_p = p \neq 0$ (se $E_y \neq 0$ il ragionamento è del tutto simile). Se, per esempio $p > 0$, possiamo esplicitare direttamente $p = p(y) = \sqrt{2F(y) + 2c}$ e da $y' = p$ ricaviamo

$$dt = \frac{dy}{p(y)} = \frac{dy}{\sqrt{2F(y) + 2c}}.$$

Integrando si trova $t = t(y)$. Su $\widetilde{\gamma}_c$ si ha $dt/dy = p^{-1} > 0$ e quindi possiamo invertire $t(y)$ trovando $y = y(t)$. Allora $y = y(t), p(t) = p(y(t))$ è la soluzione cercata. Inoltre, poiché il sistema è autonomo, anche $y = y(t + s), p(t + s)$ risolve (3.1), per ogni $s \in \mathbb{R}$.

Nel seguito noi supporremo che

$$E(y, p) = c \text{ definisce globalmente una curva } \gamma_c \text{ nel piano delle fasi.} \tag{3.3}$$

Vedremo che questa ipotesi è sempre verificata negli esempi che tratteremo nel seguito, a parte quello studiato nella Sezione 3.4.

Esempio 3.1. Nel caso del sistema lineare

$$\begin{cases} y' &= p, \\ p' &= -y, \end{cases}$$

la relazione (3.2) diventa $y^2 + p^2 = 2c$. L'unico punto di equilibrio è $(0, 0)$ che corrisponde al valore singolare $c = 0$. Allora per ogni $c > 0$ l'equazione $y^2 + p^2 = 2c$ definisce una curva γ_c nel piano (y, p), che è la circonferenza di centro $(0, 0)$ e raggio $\sqrt{2c}$. Per esempio, se $2c = 1$, nel semipiano $p > 0$ si trova $p = \sqrt{1 - y^2}$ e la soluzione è data da $y = \sin t, p = \cos t$.

Supponiamo che valga (3.3) e fissiamo una curva γ_c definita dalla (3.2). Dato $t_0 \in \mathbb{R}$ sia $P = \gamma_c(t_0)$. Preso una altro punto $Q \in \gamma_c$ possiamo calcolare il tempo $\tau = \tau_c$ tale che $Q = \gamma_c(t_0 + \tau)$. Come s'è visto in precedenza se, e.g. $p > 0$ sull'arco $\gamma_c(P, Q)$ compreso tra P e Q, si ha

$$\frac{dt}{dy} = \frac{1}{y'} = \frac{1}{p}.$$

Allora, tenendo presente che $p = y' > 0$ su $\gamma_c(P, Q)$, si trova

$$\tau = \int_0^\tau dt = \int_{\gamma_c(P,Q)} \frac{dy}{p} = \int_{\gamma_c(P,Q)} \frac{dy}{\sqrt{2(F(y) + c)}}. \tag{3.4}$$

Una importante relazione tra le curve γ_c e le corrispondenti soluzioni $y_c(t)$ di $y'' = f(y)$, ovvero del sistema (3.1), riguarda l'esistenza di soluzioni periodiche.

Teorema 3.1. *Supponiamo che valga (3.3). Se γ_c è una curva chiusa, allora $y_c(t)$ è periodica.*

Dimostrazione. Sia $Q_c(t) = (y_c(t), p_c(t))$, con $p_c = y'_c$, il generico punto su γ_c. Per ipotesi esistono t_0 e $\tau > 0$ tale che $P_c(t_0 + \tau) = P(t_0)$ cioè

$$y_c(t_0 + \tau) = y_c(t_0), \qquad p_c(t_0 + \tau) = p_c(t_0). \tag{3.5}$$

Poniamo $\widetilde{y}_c(t) = y_c(t + \tau)$ e $\widetilde{p}_c(t) = p_c(t + \tau)$. Allora $(\widetilde{y}_c, \widetilde{p}_c)$ verifica il sistema

$$\begin{cases} \widetilde{y}' = \widetilde{p}, \\ \widetilde{p}' = f(\widetilde{y}). \end{cases}$$

Tenuto conto della (3.5), $(\widetilde{y}_c, \widetilde{p}_c)$ soddisfano le condizioni iniziali

$$\widetilde{y}(t_0) = y_c(t_0 + \tau) = y_c(t_0), \qquad \widetilde{p}(t_0) = p_c(t_0 + \tau) = p_c(t_0).$$

Allora, per l'unicità delle soluzioni del problema di Cauchy, deduciamo che

$$\widetilde{y}_c(t) = y_c(t), \qquad \widetilde{p}_c(t) = p_c(t).$$

Questo equivale a dire che

$$y_c(t + \tau) = y_c(t), \qquad p_c(t + \tau) = p_c(t), \quad \forall t \in \mathbb{R}.$$

In particolare, y_c è periodica di periodo τ. $\qquad \square$

Nelle due sezioni seguenti vedremo cosa succede in alcuni casi particolari.

3.2 L'oscillatore armonico nonlineare

Si tratta dell'equazione

$$y'' + \omega^2 y - y^3 = 0, \tag{3.6}$$

che equivale al sistema

$$\begin{cases} y' = p, \\ p' = -\omega^2 y + y^3. \end{cases} \tag{3.7}$$

In questo caso vi sono 3 equilibri sono $(0,0)$ e $(0,\pm\omega)$. La (3.2) diventa

$$\frac{1}{2}p^2 + \frac{1}{2}\omega^2 y^2 - \frac{1}{4}y^4 = c_0, \tag{3.8}$$

dove

$$c_0 = \frac{1}{2}p_0^2 - \frac{1}{2}\omega^2 y_0^2 + \frac{1}{4}y_0^4.$$

Prendiamo le condizioni iniziali $y_0 = 0$ e $p(0) = a$ che equivalgono per l'equazione $y'' = \omega^2 y - y^3$ alle condizioni $y(0) = 0$, $y'(0) = a$. Allora

$$c_0 = \frac{1}{2}a^2,$$

e (3.8) diventa

$$p^2 + \omega^2 y^2 - \tfrac{1}{2}y^4 = a^2.$$

Se $a^2 < \frac{1}{2}\omega^4$, questa equazione definisce nel piano delle fasi (y,p) una curva chiusa γ_a che passa per $(0,a)$ e quindi ad essa corrisponde ad una soluzione periodica $y_a(t)$ di (3.6), cfr. il Teorema 3.1.

Si noti che per $a^2 < \frac{1}{2}\omega^4$, γ_a interseca l'asse y in un punto $Q = (\eta_a, 0)$ con $0 < \eta_a < \omega$.

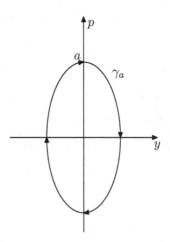

Fig. 3.1. La traiettoria periodica γ_a

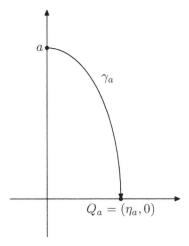

Fig. 3.2. Parte di γ_α nel primo quadrante

Allora da (3.4) segue

$$\tau_a = \int_{\gamma_a} \frac{dy}{p} = \int_0^{\eta_a} \frac{dy}{\sqrt{a^2 - \omega^2 y^2 + \frac{1}{2}y^4}}.$$

Facciamo il cambio di variabile $y = \eta_a \xi$. Allora

$$\tau_a = \int_0^1 \frac{\eta_a d\xi}{\sqrt{a^2 - \omega^2 \eta_a^2 \xi^2 + \frac{1}{2}\eta_a^4 \xi^4}}.$$

Osserviamo che ponendo $t = \tau_a$ in (3.8) e tenendo conto che $c_0 = \frac{1}{2}a^2$ si trova che

$$a^2 = \omega^2 \eta_a^2 - \frac{1}{2}\eta_a^4, \tag{3.9}$$

e quindi

$$\tau_a = \int_0^1 \frac{\eta_a d\xi}{\sqrt{\omega^2 \eta_a^2 - \frac{1}{2}\eta_a^4 - \omega^2 \eta_a^2 \xi^2 + \frac{1}{2}\eta_a^4 \xi^4}}$$

$$= \int_0^1 \frac{d\xi}{\sqrt{\omega^2 - \frac{1}{2}\eta_a^2 - \omega^2 \xi^2 + \frac{1}{2}\eta_a^2 \xi^4}}.$$

Per simmetria, il periodo di y_a è $T_a = 4\tau_a$. Passiamo ora al limite per $a \to 0$. Osserviamo che (3.9) e $\eta_a < \omega$ implicano che $\eta_a \to 0$. Allora

$$\lim_{a \to 0} T_a = 4 \int_0^1 \frac{d\xi}{\sqrt{\omega^2 - \omega^2 \xi^2}} = \frac{4}{\omega} \int_0^1 \frac{d\xi}{\sqrt{1 - \xi^2}} = \frac{2\pi}{\omega}.$$

In conclusione, il periodo delle piccole oscillazioni corrispondenti a $a \sim 0$, tende a $\frac{2\pi}{\omega}$ che è il periodo dell'oscillatore armonico lineare.

Più in generale, consideriamo l'equazione

$$y'' + \omega^2 y - h(y, y') = 0 \tag{3.10}$$

che è equivalente al sistema

$$\begin{cases} y' = p, \\ p' = -\omega^2 y + h(y, p). \end{cases} \tag{3.11}$$

Sia $(y(t), p(t))$ una traiettoria di questo sistema e consideriamo la quantità

$$\rho(t) = \rho(y(t), p(t)) = \tfrac{1}{2}(\omega^2 y^2(t) + p^2(t)).$$

Si trova

$$\frac{d\rho}{dt} = \omega^2 y y' + p p' = \omega^2 y p + p(-\omega^2 y + h(y, p)) = p h(y, p).$$

Consideriamo i seguenti insiemi

$$A = \{(y, p) \in \mathbb{R}^2 : p h(y, p) > 0\}, \quad B = \{(y, p) \in \mathbb{R}^2 : p h(y, p) < 0\}.$$

Allora

$$(y(t), p(t)) \in A \iff \frac{d\rho}{dt} > 0, \qquad (y(t), p(t)) \in B \iff \frac{d\rho}{dt} < 0.$$

Questa relazione permette di avere informazioni sulle traiettorie nel piano delle fasi. Facciamo vedere ad esempio cosa accade per l'equazione

$$y'' + \omega^2 y - a y' = 0.$$

Qui $h(y, p) = ap$ e quindi $\rho' = p h(y, p) = ap^2$. Perciò: se $a > 0$ allora ρ è crescente, mentre se $a < 0$ allora ρ è decrescente.

3.3 L'equazione di Van der Pol

Come altro esempio consideriamo l'*equazione di Van der Pol*

$$y'' - (1 - 3y^2)y' + y = 0, \tag{3.12}$$

che interviene nella teoria dei circuiti elettrici. Ovviamente (3.12) ha la soluzione $y \equiv 0$. Vogliamo dimostrare:

Teorema 3.2. *L'equazione (3.12) ha una e una sola soluzione periodica non banale.*

La dimostrazione si articola in vari passi.

Passo 1). Poniamo

$$F(y) = -y + y^3$$

ed associamo (3.12) a questo sistema equivalente, un po' diverso dal solito:

$$\begin{cases} y' = z - F(y), \\ z' = -y. \end{cases} \qquad (3.13)$$

Dividiamo il piano (y, z) in 4 regioni:

$$\begin{aligned} \Omega_1 &= \{(y,z) : y > 0, z > F(y)\} \\ \Omega_2 &= \{(y,z) : y > 0, z < F(y)\} \\ \Omega_3 &= \{(y,z) : y < 0, z < F(y)\} \\ \Omega_4 &= \{(y,z) : y < 0, z > F(y)\}. \end{aligned}$$

Notiamo che si ha

$$y' = 0 \iff z = F(y), \qquad z' = 0 \iff y = 0.$$

Inoltre, cfr. la Fig. 3.3,

$$\begin{aligned} (y,z) \in \Omega_1 &\iff y' > 0, \ z' < 0, \\ (y,z) \in \Omega_2 &\iff y' < 0, \ z' < 0, \\ (y,z) \in \Omega_3 &\iff y' > 0, \ z' > 0, \\ (y,z) \in \Omega_4 &\iff y' < 0, \ z' > 0. \end{aligned}$$

Se $a > 0$ indichiamo con $\gamma_a(t) = (y_a(t), z_a(t))$ la soluzione di (3.13) tale che $y_a(0) = 0, z_a(0) = a$. Poiché il sistema (3.13) è autonomo, non è restrittivo prendere $t \geq 0$. Poniamo $A = (0, a)$ e sia Γ la curva di equazione $z = F(y)$. Poiché in Ω_1 si ha che $y' > 0, z' < 0$ allora $\exists t_1 > 0$ tale che

$$A_1 = (y_a(t_1), z_a(t_1)) \in \Gamma.$$

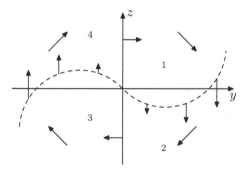

Fig. 3.3. Le regioni Ω_i

Per $t > t_1$ la curva integrale γ_a entra in Ω_2, dove $y' < 0, z' < 0$ e non può ritornare in Ω_2 perchè, come si deduce facilmente dalla Fig. 3.3, le curve integrali possono solo intersecare Γ uscendo da Ω_1 ed entrando in Ω_2. In Ω_2 possiamo esprimere z in funzione di y con

$$\frac{dz}{dy} = \frac{z'}{y'} = \frac{-y}{z - F(y)} = \frac{y}{F(y) - z}.$$

Inoltre, fissiamo $t^* > t_1$ in modo che $P^* := (y_a(t^*), z_a(t^*)) \in \Omega_2$ e $z_a(t^*) < 0$. Allora si ha

$$0 \leq y_a(t) \leq y_a(t^*), \quad z_a(t) \leq z_a(t^*), \quad \forall t \geq t^*. \tag{3.14}$$

Poiché nella striscia $0 \leq y \leq y_a(t^*)$ si ha $F(y) \geq k := \min_{y>0} F = -(\sqrt{3} - 1)/3\sqrt{3}$, da (3.14) segue che, se $z = z_a(t) < k$, $\forall t \geq t^*$,

$$0 \leq \frac{dz}{dy} \leq \frac{y_a(t^*)}{k - z}, \quad \forall y \in [0, y_a(t^*)].$$

Quindi se $z = z_a(t) \leq k - y_a(t^*)$ allora $k - z \geq y_a(t^*)$ e

$$0 \leq \frac{dz}{dy} \leq 1, \quad \forall y \in [0, y_a(t^*)].$$

Invece, se $z_a(t) > k - y_a(t^*)$ per $t > t^*$, allora segue subito che γ_a interseca l'asse z. In ogni caso, esiste $t_2 = t_2(a)$ tale che

$$y_a(t_2) = 0, \quad z_a(t_2) < 0.$$

Indichiamo con B il punto $(0, z_a(t_2))$.

Passo 2). In analogia a quanto visto nel Teorema 3.1 proviamo:

(*) γ_a *è una soluzione periodica di* (3.13) *se e solo se* $B = -A$.

Innanzi tutto osserviamo che, essendo F dispari, anche $-\gamma_a = (-y_a(t), -z_a(t))$ è una soluzione di (3.13). Se γ_a è periodica, anche $-\gamma_a$ lo è. Le due curve chiuse γ_a e $-\gamma_a$ passano per A, B e $-A, -B$, rispettivamente. Se $B \neq -A$, allora esistono due punti dove γ_a e $-\gamma_a$ si intersecano. Invece per ogni punto del piano (y, z) passa una sola curva integrale di (3.13).

Viceversa, se $B = -A$ la curva di equazione

$$y(t) = \begin{cases} y_a(t), & t \in [0, t_2] \\ -y_a(t - t_2), & t \in [t_2, 2t_2] \end{cases} \quad z(t) = \begin{cases} z_a(t), & t \in [0, t_2] \\ -z_a(t - t_2), & t \in [t_2, 2t_2] \end{cases}$$

è una soluzione periodica di (3.13).

Passo 3). Poniamo

$$r(t) = \tfrac{1}{2}y^2(t) + \tfrac{1}{2}z^2(t).$$

Se $(y(t), z(t))$ è una soluzione di (3.13), si ha

$$r' = yy' + zz' = -yF(y). \tag{3.15}$$

Dato $c > 0$ sia $Q_c = (c, F(c)) \in \Gamma$ e sia γ_c la curva integrale di (3.13) che passa da Q_c. In modo simile a quanto visto nel Passo 1), si verifica che γ_c incontra l'asse $y = 0$ in due punti $A_c = (0, z(A_c))$ e $B_c = (0, z(B_c))$, cfr. Fig. 3.4.

Qui di seguito, con un abuso di notazione, indichiamo con γ_c l'arco $A_c Q_c B_c$ e poniamo

$$\Phi(c) = \int_{C_c} dr = \frac{1}{2}z^2(B_c) - \frac{1}{2}z^2(A_c).$$

Da $(*)$ segue che (3.13) *ha una soluzione periodica non banale se e solo se esiste $\bar{c} > 0$ tale che $\Phi(\bar{c}) = 0$.*

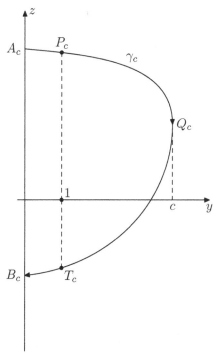

Fig. 3.4. L'arco γ_c

Passo 4). Proviamo le seguenti affermazioni:

(*i*) $0 < c \leq 1 \implies \Phi(c) > 0$;
(*ii*) $\Phi(c)$ è decrescente per $c > 1$;
(*iii*) $\lim_{c \to +\infty} \Phi(c) = -\infty$.

Prova di (*i*). Se $0 < c \leq 1$ l'arco $\gamma_c = (y_c(t), z_c(t))$ è contenuta nella striscia $\{0 < y \leq 1\}$. Allora (3.15) implica che $r' = -yF(y) > 0$ e quindi $\Phi(c) = \int_{C_c} dr > 0$.

Prova di (*ii*). Sia $c > 1$. Dividiamo γ_c nei due archi $A_c P_c \cup T_c B_c$ e $P_c Q_c T_c$, cfr. Fig. 3.4, e poniamo

$$\Phi_1(c) = \int_{A_c P_c \cup T_c B_c} dr, \quad \Phi_2(c) = \int_{P_c Q_c T_c} dr$$

in modo che $\Phi(c) = \Phi_1(c) + \Phi_2(c)$.

Lungo l'arco $A_c P_c$ si ha

$$\int_{A_c P_c} dr = \int_0^1 r' \frac{dy}{y'} = \int_0^1 \frac{-yF(y)}{z - F(y)} dy.$$

Prendiamo ora $c^* > c > 1$ e consideriamo i punti $A_{c^*}, P_{c^*}, Q_{c^*}, T_{c^*}, B_{c^*}$ su $\gamma_{c^*} = (y_{c^*}(t), z_{c^*}(t))$, cfr. Fig. 3.5.

Poiché sul tratto di γ_{c^*} tra A_{c^*} e P_{c^*} si ha $z_{c^*}(y) > z_c(y)$ e $-yF(y) > 0$ per $y \in (0,1)$, si ha

$$\int_{A_{c^*} P_{c^*}} dr = \int_0^1 \frac{-yF(y)}{z - F(y)} dy < \int_{A_c P_c} dr.$$

Analogamente

$$\int_{T_{c^*} B_{c^*}} dr < \int_{T_c B_c} dr$$

e quindi

$$\Phi_1(c^*) < \Phi_1(c), \qquad \forall c^* > c > 1. \tag{3.16}$$

Per $y > 1$ esplicitiamo $y = y(z)$ trovando

$$\Phi_2(c) = -\int_{z(T_c)}^{z(P_c)} F(y(z)) dz, \quad \Phi_2(c^*) = -\int_{z(T_{c^*})}^{z(P_{c^*})} F(y(z)) dz,$$

dove $z(R)$ indica l'ordinata del punto R. Poiché $F(y_{c^*}(z)) \geq 0$ per ogni $z \in [z(T_{c^*}), z(P_{c^*})]$, $F(y_{c^*}(z)) > F(y_c(z))$ per ogni $z \in [z(T_c), z(P_c)]$ e $[z(T_c), z(P_c)] \subset [z(T_{c^*}), z(P_{c^*})]$ ne segue $\Phi_2(c^*) < \Phi_2(c)$ per $c^* > c > 1$. Da questo e da (3.16) segue $\Phi(c^*) < \Phi(c)$, provando la monotonia di Φ.

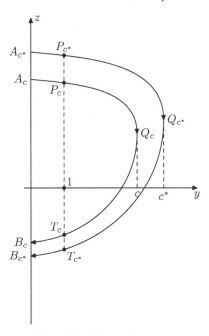

Fig. 3.5. Gli archi γ_c e γ_{c^*}

Prova di (iii). Facciamo riferimento alla Fig. 3.6.

Fissato $c' > 1$, per $c > c'$ si ha (cfr. (3.16)) $\Phi_1(c) < \Phi_1(c')$. Inoltre

$$\Phi_2(c) = -\int_{z(T_c)}^{z(P_c)} F(y(z))dz < -\int_0^{z(Q_c)} F(y(z))dz = -\int_0^{F(c)} F(y(z))dz.$$

Sia $b' \in (1, c')$ l'ascissa del punto di intersezione di $C_{c'}$ con l'asse $z = 0$. Se $c > c'$ lungo γ_c e per $z \in [0, F(c)]$ si ha che $y(z) > b'$ e quindi $F(y) > F(b')$. Perciò

$$\Phi_2(c) < -\int_0^{F(c)} F(y(z))dz < -F(b') \int_0^{F(c)} dz = -F(b')F(c).$$

Dal fatto che $F(b') > 0$ e che $F(c) \to +\infty$ per $c \to +\infty$, segue che $\Phi_2(c) \to -\infty$ per $c \to +\infty$. Questo completa la dimostrazione di (iii).

È chiaro che da $(i - ii - iii)$ segue che $\exists! \, \bar{c} > 0$ tale che $\Phi(\bar{c}) = 0$ e questo basta, in base a quanto visto nel Passo 3), per completare la dimostrazione del teorema.

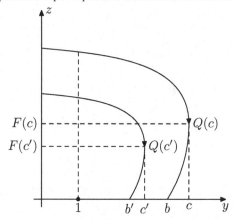

Fig. 3.6. Gli archi γ_c e $\gamma_{c'}$ (nel primo quadrante)

Osservazioni 3.1. L'equazione di Van der Pol è un caso particolare dell'equazione di Lienard

$$y'' + F'(y)y' + g(y) = 0.$$

Si può dimostare che l'equazione di Lienard ha una e una sola soluzione periodica non banale sotto le seguenti ipotesi:

(a) $yg(y) > 0$ per $y \neq 0$;
(b) g ed F sono dispari;
(c) $\exists y^* > 0$ tale che $F(y) < 0$ per $0 < y < y^*$ e $F(y) > 0$ e monotona crescente per $y > y^*$;
(d) $|F(y)| \to \infty$ per $|y| \to \infty$.

3.4 Onde solitarie

Consideriamo l'equazione di Schrödinger nonlineare

$$-i\hbar\phi_t = \hbar^2\phi_{xx} - V(x)\phi + |\phi|^{s-1}\phi$$

dove i è l'unità immaginaria, $\hbar$ denota la costante di Plank, $s > 1$ e $\phi(t,x)$ è una funzione definita in $\mathbb{R} \times \mathbb{R}$ a valori complessi.

Usiamo il metodo della separazione delle variabili, ponendo $\phi(t,x) = e^{it/\hbar}u(x)$. Si trova per $u(x)$ l'equazione

$$-\hbar^2 u_{xx} + u + V(x)u = |u|^{s-1}u, \qquad x \in \mathbb{R}. \tag{3.17}$$

Un'onda solitaria è una soluzione u tale che $u(x) > 0$ e $u(x) \to 0$ per $x \to \pm\infty$. Se $V(x) \equiv 0$ l'equazione (3.17) diventa (per semplificare le notazioni poniamo $\hbar = 1$)

$$u_{xx} = u - |u|^{s-1}u, \tag{3.18}$$

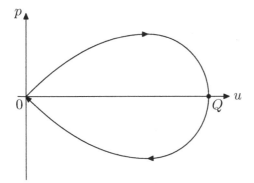

Fig. 3.7. La curva γ_0

che si traduce nel sistema (qui la variabile indipendente è x)

$$\begin{cases} u_x & = p, \\ p_x & = u - |u|^{s-1}u. \end{cases} \qquad (3.19)$$

Si osservi che (3.18) ha la soluzione banale $y \equiv 0$ che corrisponde alla soluzione di equilibrio $y = p = 0$ del sistema (3.19).

La (3.2) diventa

$$\tfrac{1}{2}p^2 - \tfrac{1}{2}u^2 + \tfrac{1}{s+1}|u|^{s+1} = c. \qquad (3.20)$$

Per $c = 0$ l'equazione (3.20) definisce una curva che è simmetrica rispetto agli assi $p = 0$ e $u = 0$, passa per $(0,0)$ e interseca $p = 0$ nei punti $(\pm q, 0)$ con $q = (\frac{s+1}{2})^{1/(s-1)}$. Indichiamo con γ_0 la parte di questa curva che sta nel semipiano $u > 0$, cfr. Fig. 3.7. Si noti che in questo caso non vale l'ipotesi (3.3). Tuttavia si può ripetere quanto visto nelle sezioni precedenti ragionando localmente in una parte di γ_0 che non contiene l'origine.

Come visto all'inizio del capitolo, in corrispondenza a γ_0 possiamo ricavare la soluzione $u(x), p(x)$ di (3.19). La funzione $u(x)$ risolve (3.18) e poiché tale equazione è autonoma, anche $u(x + \xi)$ è soluzione di (3.18), $\forall \xi \in \mathbb{R}$. Allora possiamo fare in modo che per $x = 0$ si abbia $u(0) = q$. Indicheremo con u^* questa soluzione. Ricordando che $(u^*, p^*) \in \gamma_0$ (dove $p^* = u_x^*$) , si ha $u_x^*(0) = 0$ e quindi u^* verifica il problema di Cauchy

$$\begin{cases} u_{xx} & = u - |u|^{s-1}u, \\ u(0) & = q, \\ u_x(0) & = 0. \end{cases} \qquad (3.21)$$

Ovviamente $u^*(x) > 0$ per ogni $x \in \mathbb{R}$ ed è decrescente per $x > 0$ perchè essa corrisponde all'arco di γ_0 dove $u > 0$ e $p < 0$. Infine $u^*(-x)$ verifica (3.21) e quindi, per unicità, $u^*(x) = u^*(-x)$, cioè è una funzione pari.

Studiamo ora il comportamento di u^* per $|x| \to \infty$. Se P_ε è un punto di γ_0 nel semipiano $p > 0$ a distanza $\varepsilon > 0$ da $(0,0)$, da (3.4) segue che

$$\lim_{\varepsilon \to 0} \int_\varepsilon^q \frac{du}{\sqrt{u^2 - \frac{1}{s+1}u^{s+1}}} = +\infty.$$

Questo ci dice che $u^*(x)$ verifica

$$\lim_{x \to \pm\infty} u^*(x) = 0,$$

ed è perciò l'onda solitaria cercata.

Completiamo questa analisi osservando che su γ_0 si ha che $p \to 0$ quando $u \to 0$. Allora si ha

$$\lim_{x \to \pm\infty} u_x^*(x) = 0.$$

Inoltre, usando l'equazione (3.18), si trova

$$\lim_{x \to \pm\infty} u_{xx}^*(x) = 0.$$

Sempre da (3.18) segue che $u_{xx}^*(x)$ è derivabile. Allora, derivando $u_{xx} = u - u^s$ e usando il fatto che $u^*(x) \to 0$ e $u_x^*(x) \to 0$ per $|x| \to \infty$, deduciamo che

$$\lim_{x \to \pm\infty} u_{xxx}^*(x) = 0.$$

Reiterando il procedimento si prova che tutte le derivate di $u^*(x)$ tendono a zero all'infinito. Si potrebbe anche far vedere che $u^*(x)$ decade esponenzialmente a zero per $|x| \to \infty$. In particolare, $\int_{-\infty}^{+\infty} |u^*(x)|^2\, dx < \infty$.

Se $s = 3$ si può verificare che $u_{xx} = u - u^3$ ha una soluzione positiva, pari, data dal solitone

$$U(x) = \frac{\sqrt{2}}{\cosh x}.$$

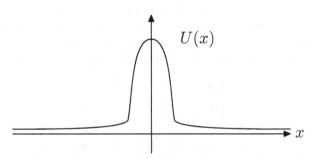

Fig. 3.8. Grafico di $U(x) = \frac{\sqrt{2}}{\cosh x}$

3.5 Un risultato di perturbazione

Vogliamo studiare l'esistenza di soluzioni periodiche del sistema

$$y' = f(t, y) + \varepsilon g(t, y), \qquad (S_\varepsilon)$$

dove $f \in C^1(\mathbb{R} \times \mathbb{R}^n)$, $g \in C^1(\mathbb{R} \times \mathbb{R}^n)$ e f, g sono T-periodiche in t. Le soluzioni periodiche verranno trovate "vicino" ad una soluzione del sistema imperturbato

$$y' = f(t, y). \qquad (S_0)$$

Teorema 3.3. *Supponiamo che* (S_0) *abbia una soluzione* T-*periodica* $y(t)$. *Indicata con* $A(t)$ *la corrispondente matrice* A *che risolve l'equazione alle variazioni (cfr. Teorema 2.2-(ii))*

$$A' = f_y(t, y)A, \qquad A(0) = Id_{\mathbb{R}^n},$$

supponiamo che $\lambda = 1$ *non sia un autovalore di* $A(T)$. *Allora per* $|\varepsilon| \ll 1$, (S_ε) *ha una soluzione* T-*periodica.*

Per dimostrare questo teorema premettiamo un lemma. Indicato con $\phi_\varepsilon^t(\xi)$ il flusso di (S_ε) (cfr. Sezione 1.3), si dimostra, come nel Teorema 3.1, che:

Lemma 3.1. *L'equazione* (S_ε) *ha una soluzione* T-*periodica se e solo se esiste* $\xi \in \mathbb{R}^n$ *tale che* $\phi^T(\xi) = \xi$.

Dimostrazione del Teorema 3.3. In accordo col lemma precedente, dobbiamo trovare un punto unito di ϕ_ε^T, cioè una soluzione di

$$F(\varepsilon, \xi) := \phi_\varepsilon^T(\xi) - \xi = 0.$$

Per ipotesi, $\phi_0^t = y(t)$ è T-periodica e quindi esiste $\xi_0 \in \mathbb{R}^n$ tale che $\phi^T(\xi_0) = \phi^0(\xi_0) = \xi_0$. Allora

$$F(0, \xi_0) = \phi^T(\xi_0) - \xi_0 = 0.$$

La funzione F è di classe C^1 e il suo jacobiano $D_\xi F(0, \xi_0)$ è dato da

$$D_\xi F(0, \xi_0) = D_\xi \phi^T(\xi_0) - \xi_0 = A(T)\xi_0 - \xi_0.$$

Poiché $\lambda = 1$ non è un autovalore di $A(T)$, allora $A(T) - Id$ è invertibile. Applicando il teorema della Funzione Implicita $\exists\, \varepsilon \mapsto \xi(\varepsilon)$ definita per ε piccolo, tale che $F(\varepsilon, \xi(\varepsilon)) = 0$. Al dato iniziale $\xi(\varepsilon)$ corrisponde una soluzione T-periodica di (S_ε). $\qquad \square$

Osservazione 3.2. Dalla dimostrazione precedente segue che esiste una funzione continua $\xi(\varepsilon)$, con $\xi(0) = y(0)$, tale che (S_ε) ha una soluzione T-periodica $y_\varepsilon(t)$ con $y_\varepsilon(0) = \xi(\varepsilon)$.

Due applicazioni del teorema precedente sono proposte come esercizi al termine del capitolo.

Osservazione 3.3. Se $f = f(y)$ e $y(t)$ è una soluzione T-periodica non identicamente nulla di (S_0), la matrice $A(T)$ non è mai invertibile. Infatti, posto $v = y'(T)$, da $y' = f(y)$ segue che $A(T)v = v$. Si può dimostrare che se $g = g(y)$ e $\lambda = 1$ è un autovalore semplice di $A(T)$, allora per $\varepsilon \sim 0$ esiste una soluzione $T(\varepsilon)$-periodica di (S_ε), con $T(\varepsilon) \to T$ per $\varepsilon \to 0$.

3.6 Esercizi

1. Studiare col metodo del piano delle fasi l'equazione del pendolo $y'' + \sin y = 0$. Provare che vi sono soluzioni periodiche.
2. Provare che l'equazione $y'' + \sin y = 0$ ha soluzioni eterocline, tali che $\lim_{y \to -\infty} y(t) = -\pi$ e $\lim_{y \to +\infty} y(t) = \pi$.
3. Discutere il sistema autonomo del tipo

$$\begin{cases} y' = p, \\ p' = F(y,p). \end{cases}$$

   Cosa diventa la (3.2)?
4. Provare che il sistema tipo Lotka-Volterra

$$\begin{cases} x' = (1 - y)x, \\ y' = (x - 1)y, \end{cases}$$

   ha infinite soluzioni periodiche nel quadrante $x > 0, y > 0$. Suggerimento: usare il fatto che lungo le soluzioni $x(t) > 0, y(t) > 0$ del sistema, $h(x(t), y(t)) = cost.$, dove

$$h(x, y) = \log(x) + \log(y) - x - y.$$

5. Data $g(t, y, z)$ regolare e T-periodica in t, provare che il sistema

$$\begin{cases} y' = z, \\ z' = -\omega^2 y + \varepsilon g(t, y, z), \quad (\omega \neq 0), \end{cases}$$

   equivalente all'equazione

$$y'' + \omega^2 y = \varepsilon g(t, y, y'),$$

   ha una soluzione T-periodica vicina a $y = z \equiv 0$, non appena $|\varepsilon| \ll 1$ e $\omega T \notin 2\pi\mathbb{Z}$. (Suggerimento: osservare che la soluzione dell'equazione alle variazioni relativa a $y = z \equiv 0$ è la matrice (cfr. Esercizio 2.4-(1))

$$A(t) = \begin{pmatrix} \cos \omega t & \sin \omega t \\ \sin \omega t & \cos \omega t \end{pmatrix}$$

   e gli autovalori di $A(T)$ sono $\lambda = \cos \omega T + \sin \omega T$.)

6. Se g è come nell'esercizio precedente, provare che il sistema

$$\begin{cases} y' & = z \\ z' & = \omega^2 y + \varepsilon\, g(t, y, z), \quad (\omega \neq 0), \end{cases}$$

equivalente all'equazione

$$y'' - \omega^2 y = \varepsilon\, g(t, y, y'),$$

ha una soluzione T-periodica vicina a $y = z \equiv 0$, non appena $|\varepsilon| \ll 1$ e $T \neq 0$. (Suggerimento: osservare che la soluzione dell'equazione alle variazioni relativa a $y = z \equiv 0$ è la matrice (cfr. Esercizio 2.4-(2))

$$A(t) = \begin{pmatrix} \cosh \omega t & \sinh \omega t \\ \sinh \omega t & \cosh \omega t \end{pmatrix}$$

e gli autovlori di $A(T)$ sono $\lambda = e^{\pm \omega T}$.)

4

Problemi al contorno per equazioni del secondo ordine

In questo capitolo studieremo il problema di trovare soluzioni $y(t)$ di un'equazione differenziale del secondo ordine che verifichi delle *condizioni al bordo* (o al contorno). Analizzeremo il caso in cui si prescrive y sugli estremi di un'intervallo $[a, b]$, cioè verifichi

$$\begin{cases} y'' + f(t, y) = 0, \\ y(a) = 0, \quad y(b) = 0. \end{cases} \tag{4.1}$$

Se f dipende solo da y, il metodo del piano delle fasi, discusso nel capitolo precedente, permette di trovare una soluzione di (4.1). Cominciamo con un esempio.

Esempio 4.1. Consideriamo il problema al contorno

$$\begin{cases} y'' + 2y^3 = 0, \\ y(0) = y(\pi) = 0. \end{cases} \tag{4.2}$$

Ovviamente il problema ha la soluzione $y \equiv 0$. Vogliamo dimostrare che (4.2) ha una soluzione positiva in $(0, \pi)$. Per questo, useremo l'analisi fatta nelle Sezioni 3.1 e 3.2. L'equazione $y'' + 2y^3 = 0$ è equivalente al sistema (cfr. (3.7))

$$\begin{cases} y' = p, \\ p' = -2y^3. \end{cases}$$

Per ogni $a > 0$ la curva γ_a nel piano (y, p) che per $t = 0$ passa da $(0, a)$ ha equazione

$$p^2 + y^4 = a^2$$

ed incontra l'asse $p = 0$ nel punto $(\eta_a, 0)$ con $\eta_a = \sqrt{a}$. Se τ_a è tale che

Ambrosetti A.: Appunti sulle equazioni differenziali ordinarie
DOI 10.1007/978-88-2394-9_4, © Springer-Verlag Italia 2012

$y(\tau_a) = \eta_a, p(\tau_a) = 0$ allora, come nella Sezione 3.2, si ha

$$\tau_a = \int_0^{\eta_a} \frac{dy}{\sqrt{a^2 - y^4}} = \int_0^1 \frac{d\xi}{\sqrt{\eta_a^2 - \eta_a^2 \xi^4}}$$
$$= \frac{1}{\eta_a} \int_0^1 \frac{d\xi}{\sqrt{1 - \xi^4}} = \frac{1}{\sqrt{a}} \int_0^1 \frac{d\xi}{\sqrt{1 - \xi^4}}.$$

Per simmetria, si ha $T_a = 2\tau_a$. L'equazione

$$\frac{2}{\sqrt{a}} \int_0^1 \frac{d\xi}{\sqrt{1 - \xi^4}} = \pi$$

ha una soluzione $\bar{a} > 0$ a cui corrisponde una soluzione $y_{\bar{a}}(t)$ dell'equazione $y'' + 2y^3 = 0$ che verifica le condizioni al bordo $y_{\bar{a}}(0) = 0$ e $y_{\bar{a}}(\pi) = 0$. In altri termini, $y_{\bar{a}}(t)$ risolve il problema al contorno (4.2). Si noti anche che, per costruzione, $y_{\bar{a}}(t) > 0$ in $(0, \pi)$.

In generale, ragionamenti del tutto simili a quelli fatti nell'esempio precedente permettono di provare il seguente risultato. Useremo ancora le notazioni della Sezione 3.1. In particolare, γ_c indica la curva nel piano delle fasi verificante (3.2).

Teorema 4.1. *Supponiamo che γ_c intersechi l'asse $y = 0$ in due punti $P = \gamma_c(a)$ e $Q = \gamma_c(a + T)$. Se $T = b - a$ allora $y_c(t)$ è soluzione del problema al contorno*

$$\begin{cases} y'' + f(y) & = 0, \\ y(a) = y(b) & = 0. \end{cases}$$

4.1 Autovalori

Consideriamo il problema al contorno

$$\begin{cases} L[y] = -(p(t)y')' + q(t)y = \lambda m(t)y \\ y(a) = y(b) = 0 \end{cases} \tag{4.3}$$

dove $p \in C^1([a, b])$, $q, m \in C([a, b])$ e $p > 0$ in $[a, b]$[1].
    Prima di proseguire enunciamo un lemma, che useremo nel seguito, sulla simmetria dell'operatore L.

---

[1] Si noti che l'operatore L è diverso da $\mathbb{L}$ definito nel capitolo 2.

Lemma 4.1. *Se* y *e* z *sono due funzioni di classe* $C^2(a,b])$ *tali che* $y(a) = y(b) = z(a) = z(b) = 0$. *Allora*

$$\int_a^b L[y]z\,dt = \int_a^b L[z]y\,dt.$$

Dimostrazione. Si ha

$$\int_a^b L[y]z\,dt = -\int_a^b (py')'z\,dt + \int_a^b qyz\,dt.$$

Integrando per parti e tenuto presente che y e z si annullano agli estremi dell'intervallo $[a,b]$, si ricava

$$-\int_a^b (py')'z\,dt = \int_a^b py'z'\,dt = -\int_a^b (pz')'y'\,dt.$$

Allora

$$\int_a^b L[y]z\,dt = -\int_a^b (pz')'y'\,dt + \int_a^b qyz\,dt = \int_a^b L[z]y\,dt.$$

$\square$

Il problema (4.3) ha la soluzione identicamente nulla.

Definizione 4.1. *Se* $\lambda \in \mathbb{R}$ *è tale che esiste una soluzione* $y(t)$ *di* (4.3) *non indenticamente nulla, diremo che* λ *è un* autovalore *di* (4.3) *e che* $y(t)$ *è una* autofunzione *associata a* λ.

Ovviamente, se $y(t)$ è una autofunzione, anche $cy(t)$ lo è, per ogni $c \in \mathbb{R}$.

Lemma 4.2. *Se* λ *è un autovalore di* (4.3) *e* $y(t)$ *è una autofunzione corrispondente, allora*

$$\int_a^b py'^2\,dt + \int_a^b qy^2\,dt = \lambda \int_a^b my^2\,dt. \qquad (4.4)$$

In particolare, se $q \geq 0$ *e* $m > 0$ *in* (a,b), $\lambda > 0$.

Dimostrazione. Moltiplicando $L[y] = \lambda my$ per y e integrando in (a,b), troviamo

$$-\int_a^b (py')'y\,dt + \int_a^b qy^2\,dt = \lambda \int_a^b my^2\,dt. \qquad (4.5)$$

Integrando per parti e tenendo conto che $y(a) = y(b) = 0$, si ha

$$\int_a^b (py')'y\,dt = -\int_a^b py'^2\,dt.$$

Sostituendo questa relazione in (4.5) troviamo la (4.4). $\square$

Vogliamo provare il seguente teorema:

Teorema 4.2. *Supponiamo che $p \in C^1(a, b)$, $q, m \in C([a, b])$, $p(t) > 0$, $q(t) \geq 0$ e $m(t) > 0$ in $[a, b]$. Allora (4.3) ha infiniti autovalori λ_k, $k = 1, 2, \ldots$, tali che $0 < \lambda_1 < \lambda_2 < \ldots < \lambda_k < \ldots$. Inoltre, $\lambda_k \to +\infty$.*

Faremo la dimostrazione nel caso particolare $p \equiv 1$, $q \equiv 0$, in cui (4.3) diventa

$$y'' + \lambda m y = 0. \tag{4.6}$$

Il caso generale si dimostra in modo analogo.

Passo 1). La (4.6) equivale al sistema

$$\begin{cases} y' = v, \\ v' = -\lambda m y. \end{cases}$$

Seguendo un'idea introdotta da Prüfer, poniamo

$$\begin{cases} y = \rho \sin \theta, \\ v = \rho \cos \theta \end{cases}$$

troviamo che $\rho^2 = y^2 + v^2$ e quindi

$$\rho \rho' = y y' + v v' = y v - \lambda m y v = (1 - \lambda m) \rho^2 \sin \theta \cos \theta.$$

Dividendo per ρ, supposto positivo (cfr. l'Osservazione 4.1), troviamo

$$\rho' = (1 - \lambda m) \rho \sin 2\theta.$$

Inoltre da $\tan \theta = y v^{-1}$, segue

$$\frac{1}{\cos^2 \theta} \theta' = \frac{y' v - y v'}{v^2} = \frac{v^2 + \lambda m y^2}{v^2} = \frac{\cos^2 \theta + \lambda m \sin^2 \theta}{\cos^2 \theta}$$

e quindi

$$\theta' = \cos^2 \theta + \lambda m \sin^2 \theta.$$

Perciò, (4.6) equivale al sistema nelle incognite ρ, θ

$$\begin{cases} \rho' = (1 - \lambda m) \rho \sin 2\theta, \\ \theta' = \cos^2 \theta + \lambda m \sin^2 \theta. \end{cases} \tag{4.7}$$

Da quanto visto possiamo enunciare il seguente lemma:

Lemma 4.3. *Se per un certo $\lambda \in \mathbb{R}$ il sistema (4.7) ha una soluzione $\rho(t)$, $\theta(t)$, con $\rho = \rho(t) > 0$, allora $y(t) = \rho(t) \sin \theta(t)$ è una soluzione non identicamente nulla di $y'' + \lambda m y = 0$.*

Il sistema (4.7) può essere integrato. Infatti la seconda equazione di (4.7) non dipende da ρ e una volta trovata $\theta = \theta(t)$ la prima equazione permette

di trovare
$$\rho = \rho(t) = \rho(0)e^{\int_0^t (1-\lambda m(s))\sin 2\theta(s)ds}.$$

Osservazione 4.1. Dalla relazione precedente si deduce che o $\rho(t) \equiv 0$ oppure $\rho(t) > 0$ in (a, b).

Vediamo ora le condizioni al bordo $y(a) = y(b) = 0$. Essendo $\rho > 0$, troviamo
$$\cos\theta(a) = \cos\theta(b) = 0.$$

Se fissiamo $\theta(a) = 0$ allora
$$\theta(b) = k\pi, \qquad k \in \mathbb{Z}.$$

Passo 2). Studiamo la funzione $\theta(\lambda; t)$, definita, per ogni $\lambda > 0$, come la soluzione del problema di Cauchy
$$\begin{cases} \theta' = \cos^2\theta + \lambda m \sin^2\theta, \\ \theta(a) = 0. \end{cases} \tag{4.8}$$

Dal Lemma 4.3 segue subito:

Lemma 4.4. *Se $\lambda_k \in \mathbb{R}$ e $k \in \mathbb{Z}$ sono tali che*
$$\theta(\lambda; b) = k\pi, \qquad k \in \mathbb{Z}, \tag{4.9}$$
allora λ_k è un autovalore di (4.3).

Stimiamo $\theta(0; b)$.

Lemma 4.5. *Per $\lambda = 0$ si ha $0 < \theta(0; b) < \frac{1}{2}\pi$.*

Dimostrazione. La funzione $t \mapsto \theta(0; t)$ verifica l'equazione a variabili separabili
$$\frac{d}{dt}\theta(0; t) = \cos^2\theta(0; t), \qquad \theta(0; a) = 0.$$

Integrando, si trova $\tan(\theta(0; t)) = t - a$ e quindi $\theta(0; b) = \arctan(b - a) \in (0, \frac{1}{2}\pi)$. □

Proviamo ora:

Lemma 4.6. *$\theta(\lambda; t)$ è una funzione strettamente crescente rispetto a λ.*

Dimostrazione. Dato $\nu < \lambda$ poniamo $\theta_\nu(t) = \theta(\nu; t)$ e $\theta_\lambda(t) = \theta(\lambda; t)$. Si ha
$$\frac{d}{dt}(\theta_\lambda - \theta_\nu) = \cos^2\theta_\lambda + \lambda m \sin^2\theta_\lambda - \cos^2\theta_\nu - \nu m \sin^2\theta_\nu.$$

Se $\tau \in [a, b)$ è tale che $\theta'_\nu(\tau) = \theta'_\lambda(\tau) := \theta^*$ si deduce
$$\theta'_\lambda(\tau) - \theta'_\nu(\tau) = (\lambda - \nu)m \sin^2\theta^*. \tag{4.10}$$

Distinguiamo due casi.

(i) $\theta^* \neq \mathbb{Z}\pi$. In questo caso da (4.10) segue che $\lambda > \nu$ implica

$$\theta'_\lambda(\tau) > \theta'_\nu(\tau). \tag{4.11}$$

Da (4.11) segue che vi può essere un solo τ dove $\theta_\lambda(\tau) = \theta_\nu(\tau)$ e perciò $\tau = a$. In particolare, $\theta_\lambda(t) > \theta_\nu(t)$ per ogni $a < t \leq b$.

(ii) Se $\theta^* = \mathbb{Z}\pi$, possiamo supporre che, a meno di traslazioni, $\theta^* = 0$. Indichiamo con $\rho_\lambda(t)$, risp. $\rho_\nu(t)$ la soluzione della prima delle (4.7) verificante $\rho(a) = \rho^* > 0$ (cioè $\rho_\lambda(a) = \rho_\nu(a) = \rho^*$). Se

$$y_\lambda(t) = \rho_\lambda(t)\sin\theta_\lambda(t), \quad y_\nu(t) = \rho_\nu(t)\sin\theta_\nu(t),$$

allora y_λ, risp. y_ν, verifica $y'' + \lambda m y = 0$, risp. $y'' + \nu m y = 0$. Inoltre

$$y_\lambda(\tau) = y_\nu(\tau) = \rho^*\sin\theta^* = 0, \qquad y'_\lambda(\tau) = y'_\nu(\tau) = \rho^*\cos\theta^* = \rho^*.$$

Si ha

$$\frac{d}{dt}[y_\lambda y'_\nu - y_\nu y'_\lambda] = y_\lambda y''_\nu - y_\nu y''_\lambda = (\lambda - \nu)m y_\nu y_\lambda u.$$

Allora, integrando tra τ e $t \in (\tau, \tau + \delta]$, con $\delta > 0$ piccolo, e tenendo conto delle condizioni iniziali precedenti, si deduce

$$y_\lambda y'_\nu - y_\nu y'_\lambda = \int_\tau^t (\lambda - \nu)m(s)y_\nu(s)y_\lambda(s)ds. \tag{4.12}$$

Verifichiamo che

$$y_\nu(s)y_\lambda(s) > 0, \qquad \forall s \in (\tau, \tau + \delta]. \tag{4.13}$$

Poiché $y_\nu(\tau) = y_\mu(\tau) = 0$ possiamo scrivere

$$\frac{y_\nu(t)y_\mu(t)}{(t-\tau)^2} = \frac{y_\nu(t) - y_\nu(\tau)}{t-\tau} \cdot \frac{y_\mu(t) - y_\mu(\tau)}{t-\tau},$$

da cui deduciamo

$$\lim_{t \to \tau^+} \frac{y_\nu(t)y_\mu(t)}{(t-\tau)^2} = y'_\nu(\tau)y'_\mu(\tau) = \rho^{*2} \neq 0,$$

e quindi la (4.13).

Da (4.12) e (4.13) segue che

$$y_\lambda(t)y'_\nu(t) - y'_\lambda(t)y_\nu(t) > 0 \quad \forall t \in (\tau, \tau + \delta]. \tag{4.14}$$

Sostituendo $y_\lambda(t) = \rho_\lambda(t)\sin\theta_\lambda(t)$ e $y_\nu(t) = \rho_\nu(t)\sin\theta_\nu(t)$ (4.14) implica

$$\rho_\lambda\rho_\nu(\sin\theta_\nu\cos\theta_\lambda - \sin\theta_l\cos\theta_\nu)$$
$$= \rho_\lambda\rho_\nu\sin(\theta_\nu - \theta_\lambda) > 0, \forall t \in (\tau, \tau + \delta].$$

e quindi
$$\theta_\nu(t) > \theta_\lambda(t), \qquad \forall\, t \in (\tau, \tau + \delta].$$

Con un ragionamento analogo si prova che
$$y_\lambda(t) y_\nu'(t) - y_\lambda'(t) y_\nu(t) < 0 \qquad \forall\, t \in [\tau - \delta, \tau)$$

che implica
$$\theta_\nu(t) < \theta_\lambda(t), \qquad \forall\, t \in [\tau - \delta, \tau).$$

Questo completa la dimostrazione. $\square$

Passo 3). Proviamo infine che
$$\lim_{\lambda \to +\infty} \theta(\lambda; b) = +\infty. \tag{4.15}$$

Ragioniamo per assurdo e supponiamo che (ricordiamo che $\lambda \to \theta(\lambda; b)$ è crescente)
$$\lim_{\lambda \to +\infty} \theta(\lambda; b) = C < +\infty.$$

Sia λ_n una successione divergente tale che
$$\theta(\lambda_n; b) \leq C. \tag{4.16}$$

Poiché $m(t) > 0$ in $[a, b]$ esiste M tale che $\lambda_n M < \lambda_n m(t)$ in $[a, b]$. Sia $\vartheta_n(t) = \vartheta(\lambda_n; t)$ la soluzione di
$$\vartheta' = \cos^2 \vartheta + \lambda_n M \sin^2 \vartheta, \quad \vartheta(a) = 0.$$

Con ragionamenti del tutto simili a quelli fatti nella dimostrazione del Lemma 4.6 si vede che $\lambda_n M < \lambda_n m(t)$ in $[a, b]$ implica che $\vartheta_n(b) < \theta(\lambda_n; b)$ e quindi da (4.16) segue
$$0 < \vartheta_n(b) \leq C. \tag{4.17}$$

Integrando
$$\vartheta_n' = \cos^2 \vartheta + \lambda_n M \sin^2 \vartheta = 1 + (\lambda_n M - 1)\sin^2 \vartheta$$

troviamo
$$\int_0^{\vartheta_n(b)} \frac{ds}{1 + (\lambda_n M - 1)\sin^2 s} = \int_a^b dt = b - a. \tag{4.18}$$

Indichiamo con S l'insieme finito degli zeri di $\sin s$ in $[a, b]$. Allora per ogni $s \in [a, b] \setminus S$ si ha
$$\frac{ds}{1 + (\lambda_n M - 1)\sin^2 s} \to 0, \qquad n \to \infty.$$

Questo permette di usare il teorema della convergenza dominata di Lebesgue, cfr. [10]. Ricordando che vale (4.17) deduciamo

$$\int_0^{\vartheta_n(b)} \frac{ds}{1 + (\lambda_n M - 1)\sin^2 s} \to 0,$$

in contraddizione con (4.18). Questo prova (4.15).

Dai Lemmi 4.5 e 4.6 e da (4.15) deduciamo che l'equazione (4.9) ha una soluzione $\lambda_k > 0$ per ogni $k = 1, 2, \ldots$. Inoltre, $\lambda_{k+1} > \lambda_k$ per ogni $k = 1, 2, \ldots$ e $\lambda_k \to +\infty$. In base al Lemma 4.4, questo completa la dimostrazione del Teorema 4.2.

4.2 Proprietà degli autovalori e delle autofunzioni

Indichiamo con $\lambda_k[m]$ gli autovalori di $L[y] = \lambda m y$ con $y(a) = y(b) = 0$ trovati nella sezione predente e con $e_k(t)$ un'autofunzione corrispondente a $\lambda_k[m]$.
Cominciamo mostrando:

Teorema 4.3. *Le autofunzioni $e_k(t)$ corrispondenti a $\lambda_k[m]$ hanno esattamente $k - 1$ zeri in (a, b) (se $k = 1$ intendiamo che $e_1(t)$ non cambia segno in (a, b)).*

Dimostrazione. In base al Lemma 4.3, a meno di una costante moltiplicativa $c \in \mathbb{R}$, $e_k(t) = \rho_k(t)\sin\theta_k(t)$ dove ρ_k, θ_k risolvono il sistema (4.7) con $\lambda = \lambda_k$. Sappiamo che $\theta_k(t)$ è una funzione crescente e tale che

$$\theta_k(0) = 0, \qquad \theta_k(b) = k\pi.$$

Allora, se $k = 1$ si ha $0 < \theta_1(t) < \pi$ e quindi

$$e_1(t) = \rho_1(t)\sin\theta_k(t) > 0, \quad \forall t \in (a, b).$$

Se $k > 1$, l'equazione $\theta_k(t) = j\pi$ ha una e una sola soluzione $t_j \in (a, b)$, per ogni $j = 1, \ldots, k - 1$. Poiché $\sin\theta_k(t_j) = 0$, ne segue che $e_k(t_j) = 0$. $\qquad\square$

Un'altra proprietà delle autofunzioni e_k è contenuta nel seguente teorema:

Teorema 4.4. *Se $\lambda_k[m] \neq \lambda_j[m]$ allora*

$$\int_a^b m(t)e_k(t)e_j(t)dt = 0.$$

Dimostrazione. Moltiplichiamo $L[e_k] = \lambda_k m e_k$ per e_j ed integriamo in (a, b). Si trova

$$\int_a^b L[e_k]e_j dt = \lambda_k \int_a^b m e_k e_j dt.$$

Usando il Lemma 4.1 con $y = e_k$ e $z = e_j$, segue che

$$\int_a^b L[e_k]e_j dt = \int_a^b L[e_j]e_k dt.$$

Poiché $L[e_j] = \lambda_j m e_j$, allora

$$\int_a^b L[e_j]e_k dt = \lambda_j \int_a^b m e_j e_k dt.$$

Ne segue che

$$\lambda_k \int_a^b m e_k e_j dt = \lambda_j \int_a^b m e_j e_k dt.$$

Poiché, per ipotesi, $\lambda_k \neq \lambda_j$ troviamo che $\int_a^b m e_k e_j dt = 0$.   □

Vogliamo infine provare la seguente proprietà di confronto:

Teorema 4.5 (Teorema di confronto per gli autovalori). *Se* $m(t) > m_0(t)$ *in* $[a, b]$ *allora* $\lambda_k[m] < \lambda_k[m_0]$.

Dimostrazione. Dal Lemma 4.4 sappiamo che $\lambda_k[m]$ si trova risolvendo l'equazione $\theta_m(\lambda; b) = k\pi$, dove $\theta_m(\lambda; t)$ è la soluzione di

$$\begin{cases} \theta' = \cos^2\theta + \lambda m \sin^2\theta, \\ \theta(a) = 0. \end{cases}$$

Ripetendo la dimostrazione del Lemma 4.6 si vede facilmente che se $m > m_0$ in (a, b) allora $\theta_m(\lambda; t) > \theta_{m_0}(\lambda; t)$. In particolare, si ha $\theta_m(\lambda; b) > \theta_{m_0}(\lambda; b)$ e quindi le soluzioni $\lambda_k[m]$ e $\lambda_k[m_0]$ delle equazioni $\theta_m(\lambda; b) = k\pi$ e $\theta_{m_0}(\lambda; b) = k\pi$ verificano la diseguaglianza $\lambda_k[m] < \lambda_k[m_0]$.   □

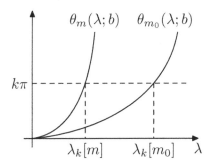

Fig. 4.1. Grafici di $\theta_m(\lambda; b)$ e $\theta_{m_0}(\lambda; b)$

4.3 La funzione di Green

Vogliamo mostrare, in analogia a quanto visto per il problema Cauchy (cfr. capitolo 1), che anche il problema al contorno (4.1) è equivalente ad un'opportuna equazione integrale. Se $L[y] = -(p(t)y')' + q(t)y$ (cfr. (4.3)), indichiamo con $\varphi\ \psi$ due funzioni non identicamente nulle verificanti, rispettivamente

$$\begin{cases} L[\varphi] = 0, \\ \varphi(a) = 0, \end{cases} \qquad \begin{cases} L[\psi] = 0, \\ \psi(b) = 0, \end{cases}$$

e che siano linearmente indipendenti. Per questo basta che il loro wroskiano $w(t) = \varphi(t)\psi'(t) - \varphi'(t)\psi(t)$ sia diverso da zero: $w(t) \equiv c > 0$.

La *funzione di Green* (di L con le condizioni al bordo $y(a) = y(b) = 0$) è la funzione $G : [a,b] \times [a,b] \mapsto \mathbb{R}$ definita ponendo

$$G(s,t) = \begin{cases} \frac{\varphi(t)\psi(s)}{c}, \text{ se } a \le t \le s; \\[2mm] \frac{\varphi(s)\psi(t)}{c}, \text{ se } s \le t \le b. \end{cases}$$

Osservazione 4.2. G è continua nel quadrato $Q = [a,b] \times [a,b]$, derivabile in $\{(s,t) \in Q : s \ne t\}$. Inoltre

$$\frac{d}{dt}G_{|t=s-} - \frac{d}{dt}G_{|t=s+} = c = w(t).$$

Teorema 4.6. *Se $h \in C([a,b])$, la funzione*

$$y(t) = \int_a^b G(s,t)h(s)ds$$

verifica

$$\begin{cases} L[y] = h(t) \\ y(a) = y(b) = 0. \end{cases} \tag{4.19}$$

Dimostrazione. Intanto, essendo $\varphi(a) = \psi(b) = 0$, si ha

$$y(a) = \int_a^b G(s,a)h(s)ds = 0, \quad y(b) = \int_a^b G(s,b)h(s)ds = 0.$$

Calcoliamo ora $L[y]$. Per semplificare le notazioni, supponiamo che $p \equiv 1$ e che $c = 1$. Il caso generale richiede facili modifiche. Scriviamo

$$y(t) = \int_a^t G(s,t)h(s)ds + \int_t^b G(s,t)h(s)ds$$

$$= \varphi(t)\int_a^t \psi(s)h(s)ds + \psi(t)\int_t^b \varphi(s)h(s)ds.$$

Allora

$$y'(t) = \varphi'(t) \int_a^t \psi(s)h(s)ds + \varphi(t)\psi(t)h(t)$$

$$+ \psi'(t) \int_t^b \varphi(s)h(s)ds - \varphi(t)\psi(t)h(t)$$

$$= \varphi'(t) \int_a^t \psi(s)h(s)ds + \psi'(t) \int_t^b \varphi(s)h(s)ds.$$

Inoltre

$$y''(t) = \varphi''(t) \int_a^t \psi(s)h(s)ds + \varphi'(t)\psi(t)h(t)$$

$$+ \psi''(t) \int_t^b \varphi(s)h(s)ds - \varphi(t)\psi(t)h(t)$$

$$= \varphi''(t) \int_a^t \psi(s)h(s)ds + \psi''(t) \int_t^b \varphi(s)h(s)ds$$
$$+ (\varphi'(t)\psi(t) - \varphi(t)\psi'(t))h(t).$$

Poichè $\varphi(t)\psi'(t) - \varphi(t)'\psi(t) = c = 1$, si deduce

$$y''(t) = \varphi''(t) \int_a^t \psi(s)h(s)ds + \psi''(t) \int_t^b \varphi(s)h(s)ds - h(t).$$

Ricordando che $\varphi'' = q\varphi$ e $\psi'' = q\psi$ si deduce

$$y''(t) = \int_a^t q(t)\varphi(t)\psi(s)h(s)ds + \int_t^b q(t)\psi(t)\varphi(s)h(s)ds - h(t).$$

D'altra parte, tenuto conto della definizione di G, si verifica subito che

$$\int_a^t q(t)\varphi(s)\psi(t)h(s)ds + \int_t^b q(t)\psi(s)\varphi(t)h(s)ds = q(t)y(t),$$

e quindi $y'' = qy - h$, ovvero $L[y] = h$. In conclusione y verifica (4.19) e la dimostrazione è completata. $\quad\square$

Esempio 4.2. Calcoliamo la funzione di Green nel caso in cui $p \equiv q \equiv 1$, $a = 0, b = 1$. Per trovare φ e ψ cominciamo osservando che l'integrale generale di $-y'' + y = 0$ è $y(t) = c_1 e^t + c_2 e^{-t}$. Per trovare φ e ψ in modo che siano linearmente indipendenti, possiamo imporre, oltre a $\varphi(0) = 1$, $\psi(1) = 0$, le condizioni

$$\varphi'(0) = 1, \qquad \psi'(1) = -1.$$

Consideriamo l'integrale generale y e imponiamo le condizioni iniziali $y(0) = 0, y'(0) = 1$. Si trova $c_1 = \frac{1}{2}$, $c_2 = -\frac{1}{2}$ e quindi $\varphi(t) = \frac{1}{2}(e^t - e^{-t}) = \sinh t$.

Analogamente, imponendo le condizioni iniziali $y(1) = 0$ e $y'(1) = -1$, si trova $c_1 = 1/2e$, $c_2 = e/2$ e quindi $\psi(t) = -\sinh(t-1)$.

Sugli argomenti discussi in questa sezione si veda anche [9, Sec. XI.7].

Se indichiamo con $K : C([a,b]) \to C([a,b])$ l'operatore definito ponendo

$$K[b] = \int_a^b G(s,t)h(s)ds,$$

possiamo dire che $y = K[h]$ risolve (4.19). Con questa notazione le soluzioni di (4.1) risolvono $y = K[f(t,y)]$ e quindi sono i punti fissi di $K \circ f$. Per esempio, gli autovalori di $L[y] = \lambda my$, $y(a) = y(b) = 0$ sono i λ tali che

$$y = \lambda K[my]$$

ha una soluzione $y \not\equiv 0$, cioè sono gli inversi degli autovalori dell'operatore lineare $K \circ m$.

Usando il teorema di Ascoli-Arzelà (cfr. Teorema 1.7), si può dimostrare che l'operatore K è compatto, nel senso che per ogni successione u_k limitata in $C([a,b])$ esiste una sottosuccessione u_{k_j} tale che $K[u_{k_j}]$ converge uniformemente. Allora l'esistenza degli autovalori di (4.3) si può dedurre dalla teoria degli autovalori degli operatori compatti in uno spazio di Banach (cfr. ad esempio [2, Chap. VI][2]) o [9, Chap. XI].

4.4 Esistenza di soluzioni per problemi al contorno nonlineari

In questa sezione discuteremo alcuni risultati di esitenza per problemi al contorno del tipo

$$\begin{cases} L[y] = -(py')' + qy = f(t,y), \\ y(a) = 0, \quad y(b) = 0. \end{cases} \tag{4.20}$$

Supporremo, anche senza dirlo esplicitamente, che $p \in C^1([a,b])$, $q \in C([a,b])$ e $p > 0$, $q \geq 0$ in $[a,b]$.

Osservazione 4.3. Usando i risultati discussi nella sezione precedente, potremmo trovare le soluzioni di (4.20) trovando i punti fissi di $K \circ f$. Per questo occorrerebbe usare il teorema di Schauder, che esula dagli argomenti trattati in questi appunti. Qui di seguito proveremo dei risultati di esistenza che non necessitano di questi teoremi di punto fisso.

---

[2] Si può anche consultare la traduzione in italiano [3] o la recente riedizione ampliata [4].

4.4.1 Sopra e sotto soluzioni

Una funzione $v \in C^2([a,b])$ è una *sottosoluzione* di (4.20) se

$$\begin{cases} L[v] \le f(t,v), & t \in (a,b), \\ v(a) \le 0, & v(b) \le 0. \end{cases}$$

Una funzione $w \in C^2([a,b])$ è una *soprasoluzione* di (4.20) se

$$\begin{cases} L[w] \ge f(t,w), & t \in (a,b), \\ w(a) \ge 0, & w(b) \ge 0. \end{cases}$$

Teorema 4.7. *Supponiamo che $f \in C([a,b] \times \mathbb{R})$ e che esista $m > 0$ tale che $y \mapsto my + f(t,y)$ sia crescente. Se (4.20) ha una sottosoluzione $v(t)$ e una soprasoluzione $w(t)$ e se $v(t) \le w(t)$ in (a,b), allora (4.1) ha una soluzione $y(t)$ tale che $v(t) \le y(t) \le w(t)$.*

Useremo il seguente lemma, che è il principio del massimo in una forma semplificata (cfr. [2, Th.IX.36] per un enunciato generale).

Lemma 4.7. *Sia $\phi \in C^2([a,b])$ tale che $\phi(a) \ge 0$, $\phi(b) \ge 0$ e $L[\phi] \ge 0$. Allora $\phi \ge 0$ in $[a,b]$.*

Dimostrazione. Sia e_1 una autofunzione relativa al primo autovalore di $L[e_1] = \lambda_1 e_1$, $e_1(a) = e_1(b) = 0$. Possiamo supporre, cfr. Teorema 4.3, che $e_1 > 0$ in (a,b). Poniamo $\phi_\varepsilon = \phi + \varepsilon e_1$. Si ha

$$L[\phi_\varepsilon] = L[\phi] + \varepsilon L[e_1] = L[\phi] + \varepsilon \lambda_1 e_1 > 0$$

e

$$\phi_\varepsilon(a) = \phi(a) \ge 0, \qquad \phi_\varepsilon(b) = \phi(b) \ge 0.$$

Sia t_ε il punto in cui ϕ_ε assume il minimo: $\phi(t_\varepsilon) := \min \phi_\varepsilon$ e supponiamo, per assurdo, che $\phi(t_\varepsilon) < 0$. Allora $a < t_\varepsilon < b$ e quindi $\phi'(t_\varepsilon) = 0$. Inoltre,

$$\begin{aligned} L[\phi_\varepsilon(t_\varepsilon)] &= -(p'(t_\varepsilon)\phi'_\varepsilon(t_\varepsilon) + p(t_\varepsilon)\phi''_\varepsilon(t_\varepsilon)) + q(t_\varepsilon)\phi_\varepsilon(t_\varepsilon) \\ &= -p(t_\varepsilon)\phi''_\varepsilon(t_\varepsilon) + q(t_\varepsilon)\phi_\varepsilon(t_\varepsilon) > 0. \end{aligned}$$

Essendo $\phi_\varepsilon(t_\varepsilon) < 0$ e ricordando che $p > 0$ e $q \ge 0$ segue che $-\phi''_\varepsilon(t_\varepsilon) > 0$ e questo è in contraddizione col fatto che t_ε è un minimo per ϕ_ε. Allora per ogni $t \in [a,b]$ si ha che $\phi(t) + \varepsilon e_1(t) \ge 0$. Passando al limite per $\varepsilon \to 0$ segue la tesi.   □

Dimostrazione del Teorema 4.7. Costruiremo una soluzione con un procedimento iterativo. Per abbreviare le notazioni, la dipendenza da t sarà sottintesa.

Innanzi tutto, il problema $L[y] = f(y)$ è equivalente a $L_m[y] = my + f(y)$, dove s'è posto

$$L_m[y] := L[y] + my.$$

Posto $X = C([a, b])$, indichiamo con

$$S_m : X \mapsto X, \qquad S_m(u) = K_m[mu + f(u)],$$

dove

$$K_m[h] = \int_a^b G_m(s, t)h(s)ds,$$

e G_m è la funzione di Green relativa a L_m, introdotta nella Sezione 4.3.

Poniamo per $k = 1, 2, \ldots,$

$$v_1 = S_m[v]$$
$$v_2 = S_m[v_1]$$
$$.. = ..$$
$$v_{k+1} = S_m[v_k].$$

Proviamo che

$$v \leq v_k \leq w, \qquad \forall\, k \in \mathbb{N}. \tag{4.21}$$

Procediamo per induzione, usando il Lemma 4.7, che ovviamente vale anche per L_m.

Per $k = 1$, da $v_1 = S_m[v]$ segue $L_m[v_1] = mv + f(v)$. Inoltre v è una sottosoluzione e quindi $L[v] \leq f(v)$, cioè $L_m[v] \leq mv + f(v)$. Allora $L_m[v_1 - v] \geq 0$. Inoltre

$$v_1(a) - v(a) \geq 0, \qquad v_1(b) - v(b) \geq 0$$

e dal Lemma 4.7 segue che $v_1 \geq v$. In modo analogo, dal fatto che, per ipotesi, $v \leq w$ e $my + f(y)$ è monotona segue

$$L[w - v_1] \geq mw + f(w) - mv_1 - f(v_1) \geq 0.$$

Inoltre,

$$w(a) - v_1(a) \geq 0, \qquad w(b) - v_1(b) \geq 0$$

e quindi $w \geq v_1$.

Se vale (4.21), si ha

$$L_m[v_{k+1} - v] = mv_k + f(v_k) - L[v] \geq mv_k + f(v_k) - mv - f(v).$$

Poiché $my + f(y)$ è monotona e, per l'ipotesi induttiva, $v_k \geq v$, si trova $mv_k + f(v_k) - mv - f(v) \geq 0$. Quindi $L_m[v_{k+1} - v] \geq 0$. Inoltre

$$v_{k+1}(a) - v(a) \geq 0, \qquad v_{k+1}(b) - v(b) \geq 0.$$

Allora possiamo applicare ancora il Lemma 4.7 deducendo che $v_{k+1} - v \geq 0$. Analogamente da

$$w(a) - v_{k+1}(a) \geq 0, \qquad w(b) - v_{k+1}(b) \geq 0$$

e

$$L_m[w - v_{k+1}] = L[w] - mv_k - f(v_k) \geq mw + f(w) - f(v_k) \geq 0,$$

segue $w - v_{k+1} \geq 0$. Questo completa la prova di (4.21).

Applichiamo ora il teorema di Ascoli-Arzelà alla successione v_k, mostrando che v_k è (i) equilimitata, e (ii) equicontinua.

(i) Poiché $v \leq v_k \leq w$ e $my + f(y)$ è crescente, allora

$$mv + f(v) \leq mv_k + f(v_k) \leq mw + f(w)$$

e quindi esiste $C > 0$ tale che

$$|mv_k(t) + f(v_k(t))| \leq C, \qquad \forall\, t \in [a, b].$$

Allora l'equilimitatezza segue da

$$|v_{k+1}(t)| \leq \int_a^b |G_m(t, s)| \cdot |mv_k(s) + f(s, v_k(s))| ds \leq C \cdot \max_{[a,b] \times [a,b]} |G_m| \cdot |b - a|.$$

(ii) Osserviamo che

$$|v_k(t) - v_k(t')| \leq C \int_a^b |G_m(s, t) - G_m(s, t')| ds.$$

Poiché G_m è uniformemente continua in $Q = [a, b] \times [a, b]$, si deduce subito la equicontinuità.

Applicando il teorema di Ascoli-Arzelà, v_k converge, a meno di sottosuccessioni, ad una funzione $y \in X$, uniformemente in $[a, b]$. Passando al limite nella relazione $v_{k+1} = S[v_k]$ troviamo $y = S[y]$. In altri termini, y verifica

$$y(t) = \int_a^b G(s, t) f(s, y(s)) ds$$

e quindi, in base a quanto visto nella Sezione 4.3, risolve (4.20). □

Come semplici applicazioni del Teorema 4.7 dimostriamo i seguenti due teoremi.

Teorema 4.8. *Supponiamo che $f \in C([a, b] \times \mathbb{R})$ e che esista $m > 0$ tale che $y \mapsto my + f(t, y)$ sia crescente. Inoltre esista $M \geq 0$ tale che $|f(t, y)| \leq M$ per ogni $(t, y) \in [a, b] \times \mathbb{R}$. Allora il problema*

$$\begin{cases} -y'' + y = f(t, y), \\ y(a) = 0, \quad y(b) = 0 \end{cases} \tag{4.22}$$

ha una soluzione y tale che $|y(t)| \leq M$ in $[a, b]$.

Dimostrazione. Basta osservare che $v(t) \equiv -M$ e $w(t) \equiv M$ sono, rispettivamente, una sotto soluzione e una soprasoluzione di (4.20), con $v < w$. □

Teorema 4.9. *Supponiamo che $f \in C([a,b] \times \mathbb{R})$ e che esista $m > 0$ tale che $y \mapsto my + f(t,y)$ sia crescente e che*

$$\lim_{y \to +\infty} f(t,y) < 0, \quad \lim_{y \to -\infty} f(t,y) > 0, \quad \text{uniformemente in } [a,b]. \quad (4.23)$$

Allora (4.22) ha una soluzione.

Dimostrazione. Da (4.23) segue che esite $\alpha > 0$ tale che

$$f(t, -\alpha) > 0, \quad f(t, \alpha) < 0, \quad \forall t \in [a,b].$$

Cosideriamo la funzione $\widetilde{f}(t,y)$ ottenuta troncando f:

$$\widetilde{f}(t,y) = \begin{cases} f(t, -\alpha), & \text{per } y \leq \alpha; \\ f(t,y), & \text{per } -\alpha \leq y \leq \alpha; \\ f(t, \alpha), & \text{per } y \geq \alpha. \end{cases}$$

Consideriamo il problema

$$\begin{cases} -y'' + y = \widetilde{f}(t,y), \\ y(a) = 0, \quad y(b) = 0 \end{cases} \quad (4.24)$$

e proviamo:

Lemma 4.8. *y è soluzione di (4.24) se e solo se y è soluzione di (4.22).*

Dimostrazione. Il lemma segue subito se mostriamo che ogni soluzione y di (4.24) verifica $-\alpha \leq y(t) \leq \alpha$. Siano $t_0, t_1 \in (a,b)$ tali che

$$y(t_0) = \min_{t \in [a,b]} y(t), \quad y(t_1) = \max_{t \in [a,b]} y(t).$$

Se, per assurdo, $y(t_0) < -\alpha$ allora $a < t_0 < b$ e si ha

$$-y''(t_0) + y(t_0) = \widetilde{f}(t_0, y(t_0)) > 0.$$

Poiché $y'(t_0) = 0$ e $y(t_0) < 0$ si deduce $-y''(t_0) > 0$ che è in contraddizione col fatto che t_0 è un minimo per y. Analogo ragionamento per t_1: infatti

$$-y''(t_1) + y(t_1) = \widetilde{f}(t_1, y(t_1)) < 0. \qquad \square$$

Dimostrazione del Teorema 4.9 completata. La funzione $\widetilde{f}$ è limitata e quindi possiamo applicare il Teorema 4.8, trovando una soluzione y di (4.24). Dal lemma precedente segue che y è soluzione di (4.22). $\qquad \square$

4.4.2 Autovalori nonlineari

Applicheremo i risultati ottenuti nella sezione precedente allo studio del problema

$$\begin{cases} -y'' = \lambda y - h(t, y), \\ y(a) = y(b) = 0, \end{cases} \tag{4.25}$$

dove $h \in C([a,b] \times \mathbb{R})$ e $h(t,0) = 0$, $\forall t \in [a,b]$. In questo caso (4.25) ha la soluzione *banale* $y \equiv 0$. Nel prossimo risultato daremo delle condizioni in modo che (4.25) abbia una soluzione positiva.

Teorema 4.10. *Supponiamo che* $h \in C([a,b] \times \mathbb{R})$ *verifichi*

$(h) \qquad h(t, y) = o(y)$ *per* $y \to 0+$ *uniformemente rispetto a* $t \in [a,b]$.

Supponiamo inoltre che esista $M > 0$ *tale che* $h(t, M) > \lambda M$ *per ogni* $t \in (a,b)$. *Allora, se* $\lambda > \lambda_1 = \pi/(b-a)$, *(4.25) ha almeno una soluzione positiva in* (a,b).

Dimostrazione. Mostriamo che $w(t) \equiv M$ è una soprasoluzione di (4.25). Infatti $-w'' = 0 > \lambda M - h(t, M)$ così come $w(a) = w(b) = M > 0$.

Cerchiamo ora una sottosoluzione v nella forma $v_\varepsilon(t) = \varepsilon e_1(t)$ dove $\varepsilon > 0$ e $e_1(t) = \sin\sqrt{\frac{\pi}{b-a}}(t - a)$. Si noti che e_1 è una autofunzione positiva di $-y'' = \lambda_1 y$, $y(a) = y(b) = 0$. Si ha

$$-v_\varepsilon'' = -\varepsilon e_1'' = \varepsilon \lambda_1 e_1 = \lambda_1 v_\varepsilon.$$

Dall'ipotesi che (h) segue che

$$\lim_{\varepsilon \to 0} \frac{h(t, \varepsilon e_1(t))}{\varepsilon e_1(t)} = 0, \qquad \text{uniformemente in } [a,b]$$

e quindi, essendo $\lambda > \lambda_1$, esiste $\varepsilon_0 > 0$ tale che

$$\frac{h(t, \varepsilon e_1(t))}{\varepsilon e_1(t)} \le \lambda - \lambda_1, \quad \forall 0 < \varepsilon < \varepsilon_0, \quad \forall t \in [a,b].$$

Allora, per $0 < \varepsilon < \varepsilon_0$,

$$-v_\varepsilon'' = \lambda_1 v_\varepsilon \le \lambda v_\varepsilon - h(t, v_\varepsilon), \quad \forall t \in [a,b].$$

Quindi v_ε è una sottosoluzione di (4.25). Infine, prendendo $\varepsilon \ll 1$ si ha che $v_\varepsilon = \varepsilon e_1 < M$. Quindi possiamo applicare il Teorema 4.7 e trovare una soluzione y di (4.25). Poichè $v_\varepsilon \le y \le M$ segue che $y > 0$ in (a,b). $\qquad \square$

Il Teorema 4.10 è completato da questo risultato:

Teorema 4.11. *Se* $yh(t, y) > 0$ *per* $y \ne 0$ *e* $\lambda \le \lambda_1$, *allora (4.25) ha solo la soluzione identicamente nulla.*

Premettiamo una diseguaglianza che è un caso particolare della *diseguaglianza di Poincarè*, valida – più in generale – per equazioni ellittiche del secondo ordine con condizioni di Dirichlet al bordo (cfr. [2, Chap. IX.7]).

Lemma 4.9. *Se* $y \in C^1([a,b])$ *e* $y(a) = y(b) = 0$, *allora*

$$\lambda_1 \int_a^b y^2(t)dt \leq \int_a^b |y'(t)|^2 dt. \tag{4.26}$$

Dimostrazione. Prediamo $a = 0$ e $b = \pi$ (quindi $\lambda_1 = \pi/(b-a) = 1$). Il caso generale si ottiene con un ovvio cambio di variabile. Poiché $y(0) = y(\pi) = 0$ possiamo sviluppare $y(t)$ in serie di Fourier di soli seni:

$$y(t) = \sum_{k \geq 1} y_k \sin kt.$$

Si ha

$$\int_a^b y^2(t)dt = \sum_{k \geq 1} y_k^2.$$

Inoltre $y'(t) = \sum_{k \geq 1} k y_k \cos kt$ e quindi

$$\int_a^b |y'(t)|^2 dt = \sum_{k \geq 1} k^2 y_k^2 \geq \sum_{k \geq 1} y_k^2 = \int_a^b y^2(t)dt. \qquad \square$$

Per un'altra dimostrazione che non fa uso delle serie di Fourier, si veda l'Esercizio 4.5-(2).

Dimostrazione del Teorema 4.11. Se y è una soluzione di (4.25) non identicamente nulla, moltiplicando l'equazione per y, integrando, e tenendo conto dell'ipotesi $h(t,y)y > 0$ per $y \neq 0$, si ha

$$-\int_a^b y''y\,dt = \lambda \int_a^b y^2 dt - \int_a^b h(t,y)y\,dt < \lambda \int_a^b y^2 dt.$$

Integrando per parti e usando il Lemma 4.9 si deduce

$$-\int_a^b y''y\,dt = \int_a^b |y'|^2 dt \geq \lambda_1 \int_a^b y^2 dt.$$

Allora

$$\lambda \int_a^b y^2 dt > \lambda_1 \int_a^b y^2 dt.$$

Poiché $y \not\equiv 0$ si deduce che $\lambda > \lambda_1$. $\qquad \square$

4.5 Esercizi

1. Provare che se $\lambda \leq 1$ il problema al contorno

$$y'' + \lambda y - y^3 = 0, \quad y(0) = y(\pi) = 0$$

ha solo la soluzione banale $y \equiv 0$, mentre se $k < \lambda < k+1$ allora vi sono k soluzioni non banali.

2. Dare una dimostrazione elementare dei Teoremi 4.2, 4.3 4.4 e 4.5 nel caso in cui $p \equiv 1$, $q \equiv 0$ e m è costante in $[a, b]$.

3. Sia $y \in C^1([a, b])$ tale che $y(a) = y(b) = 0$. Derivando la funzione $\frac{y^2}{\tan x}$ mostrare che

$$\int_0^\pi \left[2yy' \frac{\cos x}{\sin x} - \frac{y^2}{\sin^2 x} \right] dx = 0.$$

Dedurre la diseguaglianza di Poincarè provando che

$$\int_0^\pi (|y'|^2 - y^2) dx = \int_0^\pi \left[|\phi'|^2 - \phi^2 + \frac{\phi^2}{\sin^2 x} - 2\phi\phi' \frac{\cos x}{\sin x} \right] dx$$

$$= \int_0^\pi \left[\phi' - \frac{\cos x}{\sin x} \phi \right]^2 dx \geq 0.$$

4. Provare che

$$\begin{cases} -y'' = \lambda y - h(t)y^p, \\ y(0) = y(\pi) = 0, \end{cases}$$

ha una soluzione positiva se $\lambda > 1$ e $p > 1$.

5. Se $y_1'' + q_1 y_1 = 0$ e $y_2'' + q_2 y_2 = 0$ e $y_2 \neq 0$, provare l'*Identità di Picone*

$$\frac{y_1}{y_2}(y_1' y_2 - y_1 y_2')' = (q_2 - q_1)y_1^2 + q_2(y_1' - y_2' \frac{y_1}{y_2})^2.$$

6. Dedurre dall'identità precedente che tra due zeri consecutivi di y_1 cade uno zero di y_2.

7. Siano v, w due soluzioni linearmente indipendenti di $L[y] = 0$. Provare che tra due zeri successivi $\alpha < \beta$ di v cade uno zero di w. (Suggerimento: calcolare il wronskiano di v, w nei punti α e β e dedurre che $w(\alpha) = -w(\beta)$.)

5

Stabilità (cenni)

5.1 Definizioni

Discuteremo la stabilità nel caso particolare del sistema autonomo in $\mathbb{R}^n$

$$y' = f(y), \tag{5.1}$$

nell'ipotesi che $f \in C^1(\mathbb{R}^n, \mathbb{R}^n)$ e che esista $q \in \mathbb{R}^n$ tale che $f(q) = 0$. In tal caso $y(t) \equiv q$ è una soluzione di equilibrio.

Se $p \in \mathbb{R}^n$ indichiamo con $y = \phi^t(p)$ il flusso del sistema

$$\begin{cases} y' = f(y), & u \in \mathbb{R}^n \\ y(0) = p \in \mathbb{R}^n. \end{cases} \tag{S}$$

A meno di traslazione possiamo supporre che $q = 0$. Allora $f(0) = 0$ e $\phi^t(0) \equiv 0$. Supporremo anche che $\phi^t(p)$ è definita su tutto $[0, +\infty)$, per ogni $p \in \mathbb{R}^n$.

Ricordiamo che il teorema sulla dipendenza continua dalle condizioni iniziali dice che per ogni $R, T > 0$, esiste $\varepsilon > 0$ tale che

$$|p| < \varepsilon \quad \Longrightarrow \quad |\phi^t(p)| < R, \ \forall t \in [0, T].$$

La stabilità tratta il caso $T = +\infty$.

Definizione 5.1. *(a) Diremo che la soluzione di equilibrio $y \equiv 0$ è stabile (per (5.1)) se $\forall R > 0$ sufficientemente piccolo $\exists \varepsilon > 0$ tale che*

$$|\phi^t(p)| < R, \qquad \forall |p| < \varepsilon, \forall t \geq 0.$$

Diremo che $y \equiv 0$ è instabile, se non è stabile.

(b) $y \equiv 0$ è asintoticamente stabile se è stabile ed $\exists \varepsilon' > 0$ tale che

$$\lim_{t \to +\infty} \phi^t(p) = 0, \qquad \forall |p| < \varepsilon'.$$

Ambrosetti A.: Appunti sulle equazioni differenziali ordinarie
DOI 10.1007/978-88-2394-9_5, © Springer-Verlag Italia 2012

La definizione di stabilità può essere data per un sistema generale del tipo $y' = f(t, y)$ e per soluzioni non necessariamente costanti.

Si può anche definire la stabilità per l'equazione differenziale di ordine n

$$y^{(n)} = f(y, y', \dots, y^{(n-1)}) = 0, \tag{5.2}$$

considerando il sistema equivalente (cfr. Sezione 2.1)

$$u' = \widetilde{f}(u), \tag{5.3}$$

dove $u = (y_1, \dots, y_n)$ e $\widetilde{f}(u)$ ha componenti $f_1 = y_2$, $f_2 = y_3$, ..., $f_{n-1} = y_n$, $f_n = f(y_1, \dots, y_n)$. Se $f(0, \dots, 0) = 0$ allora $y(t) \equiv 0$ corrisponde all'equilibrio $u = 0$ di (5.3). Diremo che $y = 0$ è stabile (asintoticamente stabile, instabile) per (5.2) se $u = 0$ lo è per (5.3).

5.1.1 Stabilità nel caso di sistemi lineari nel piano

Nel caso di un sistema lineare 2×2 a coefficienti costanti $y' = Ay$, la discussione fatta nella Sezione 2.1.1 mostra che la stabilità di $y' = Ay$ dipende dagli autovalori di A. Precesamente, si ha:

(1) Se gli autovalori di A sono reali:

  (1a) se entrambi gli autovalori sono negativi, $y = 0$ è un *nodo asintoticamente stabile*;

  (1b) se uno degli autovalori è positivo, $y = 0$ è una *sella instabile*.

(2) Se gli autovalori di A sono complessi coniugati:

  (2a) se la parte reale degli autovalori è negativa, $y = 0$ è un *fuoco asintoticamente stabile*;

  (2b) se la parte reale degli autovalori è positiva, $y = 0$ è un *fuoco instabile*;

  (2c) se la parte reale degli autovalori è zero, $y = 0$ è un *centro stabile* ma non *asintoticamente stabile*.

5.2 Stabilità di sistemi conservativi

Consideriamo il *sistema conservativo*

$$y'' + U_y(y) = 0, \qquad y \in \mathbb{R}^n, \tag{SC}$$

dove il *potenziale* $U : \mathbb{R}^n \to \mathbb{R}$ è regolare e $U_y = (U_{y_1}, \dots, U_{y_n}) \in \mathbb{R}^n$ indica il vettore gradiente di U. Supponiamo che $U_y(q) = 0$ in modo che $y = q$ è una soluzione di equilibrio di (SC). Per definizione, $q \in \mathbb{R}^n$ è un equilibrio stabile per (SC) se per ogni $R > 0$ sufficientemente piccolo esiste $\varepsilon > 0$ tale che

$$|y(0) - q| < \varepsilon, \ |y'(0)| < \varepsilon, \implies |y(t)| < R, \ \forall t \geq 0.$$

Teorema 5.1. *Se q è un minimo locale stretto di U, allora $y \equiv q$ è un equilibrio stabile per (SC).*

Dimostrazione. A meno di traslazioni, possiamo supporre che $q = 0$ e $U(0) = 0$. Poichè $y = 0$ è un minimo locale stretto per U, per ogni $R > 0$, $R \sim 0$, esiste $r > 0$ tale che

$$\{y \in \mathbb{R}^n : U(y) < r\} \subset \{|y| < R\}.$$

Consideriamo l'energia totale di (SC):

$$E(y) = \frac{1}{2}|y'|^2 + U(y).$$

Le soluzioni $y(t)$ di (SC) verificano

$$\frac{d}{dt} E(y(t)) = \sum_1^n y_i' y_i'' + \sum_1^n U_{y_i} y_i' = y' \cdot y'' + U_y(y) \cdot y' \equiv 0$$

e quindi $E(y(t))$ è costante, cioè

$$E(y(t)) = E(y(0)), \qquad \forall t \geq 0,$$

da cui

$$U(y(t)) \leq E(y(t)) = E(y(0)) = \frac{1}{2}|y'(0)|^2 + U(y(0)), \qquad \forall t \geq 0.$$

Se $|y(0)| \sim 0$ e $y'(0) \sim 0$, troviamo che $U(y(t)) < r$. Ne segue che $|y(t)| < R$, per ogni $t \geq 0$. $\square$

Più in generale il *sistema hamiltoniano*

$$\begin{cases} u' = H_v(u, v), \\ v' = -H_u(u, v), \end{cases} \tag{H}$$

dove l'hamiltoniana $H \in C^1(\mathbb{R}^n \times \mathbb{R}^n)$, $H_u = (H_{u_1}, ..., H_{u_n}) \in \mathbb{R}^n$ e $H_v = (H_{v_1}, ..., H_{v_n}) \in \mathbb{R}^n$.

Lemma 5.1. *H è un integrale primo del moto, cioè H è costante lungo le soluzioni (u, v) di (H).*

Dimostrazione. Infatti:

$$\frac{dH}{dt} = \sum_1^n H_{u_i} u_i' + \sum_1^n H_{v_i} v_i' = H_u \cdot u' + H_v \cdot v'.$$

Poiché (u, v) risolve (H), segue che $\frac{d}{dx} H = 0$ e questo implica $H(u, v) = \text{cost.}$ $\square$

Teorema 5.2. *Supponiamo che $H \in C^1(\mathbb{R}^n \times \mathbb{R}^n)$ sia tale che $(0,0)$ sia un minimo stretto per H. Allora $u = 0, v = 0$ è un equilibrio stabile per (H).*

Dimostrazione. Preso un qualunque intorno $\mathcal{V}$ di $(0,0)$, per $\delta \sim 0$ la superficie $\{H = \delta\}$ è contenuta in $\mathcal{V}$. Dal Lemma 5.1 segue ogni soluzione di (H) resta in $\mathcal{V}$ non appena $(u(0), v(0)) \in \{H = \delta\}$.   □

5.3 Il metodo di Lyapunov

Il metodo di Lyapunov, che discutiamo in questa sezione, permette di estendere il procedimento usato per dimostrare il Teorema 5.1 a sistemi non necessariamente conservativi.

Una funzione $V \in C^1(\mathbb{R}^n, \mathbb{R})$ è una *funzione di Lyapunov* per (S) se

$$V(0) = 0 \text{ e } V \text{ ha un minimo locale stretto in } y = 0; \tag{L1}$$

$$V_y(y) \cdot f(y) \leq 0, \quad \forall \, y \in \mathbb{R}^n. \tag{L2}$$

Qui, come al solito, $V_y(y) = (V_{y_1}, \ldots, V_{y_n})$.

Teorema 5.3. *Se (S) ha una funzione di Lyapunov, allora $y = 0$ è stabile. Inoltre, se*

$$V_y(y) \cdot f(y) < 0, \quad \forall \, y \in \mathbb{R}^n \setminus \{0\}, \tag{L3}$$

allora $y = 0$ è asintoticamente stabile.

Dimostrazione. Cosideriamo la funzione

$$v(t) := V(\phi^t).$$

Qui e nel seguito la dipendenza da p è sottintesa. La funzione v è derivabile e

$$v'(t) = \sum \frac{\partial V}{\partial y_i} \frac{d\phi^t}{dt} = V_y(\phi^t) \cdot (\phi^t)' = V_y(\phi^t) \cdot f(\phi^t) \leq 0.$$

Allora $t \mapsto v(t)$ è non crescente per $t \geq 0$ e quindi

$$V(\phi^t(p)) = v(t) \leq v(0) = V(\phi^t(0)) = V(p), \qquad \forall t \geq 0.$$

Dall'ipotesi (L1) deduciamo che, per ogni $R > 0$ sufficientemente piccolo, esiste $r > 0$ tale che

$$V(y) < r \implies |y| < R.$$

Poiché $V(p) \to 0$ per $|p| \to 0$, allora esiste $\varepsilon > 0$ tale che

$$|p| < \varepsilon \implies V(p) < r.$$

Allora, se $|p| < \varepsilon$ si ha

$$V(\phi^t(p)) \leq V(p) < r, \quad \forall t \geq 0$$

e quindi

$$|p| < \varepsilon \implies |\phi^t(p)| < R, \quad \forall\, t \geq 0.$$

In base alla definizione, questo prova la stabilità di $y = 0$.

Proviamo ora che, se vale (L3), allora $y = 0$ è asintoticamente stabile. Ragionando per assurdo, supponiamo che esiste p^*, $|p^*| < R$ tale che $\phi^t(p) \not\to 0$. Allora esiste $\delta > 0$ tale che

$$\delta \leq |\phi^t(p^*)| \leq R, \quad \forall\, t \geq 0.$$

Da (L3) deduciamo che esiste $\mu > 0$ tale che

$$v'(t) = V_y(\phi^t(p^*)) \cdot \frac{d}{dt}\phi^t(p^*) \leq -\mu, \quad \forall\, t \geq 0.$$

Allora

$$V(\phi^t(p^*)) - V(p^*) = v(t) - v(0) = \int_0^t v'(s)ds \leq -\mu\, t,$$

e perciò $V(\phi^t(p^*)) \to -\infty$ per $t \to +\infty$, che è assurdo. $\qquad \square$

Osservazioni 5.1. (i) Nel teorema precedente si può supporre che f è definita e di classe C^1 in un aperto $\Omega \subset \mathbb{R}^n$ e che (L1-2-3) valgono in un disco $\{|y| < \delta\} \subset \Omega$.

(ii) Se $\|.\|$ è una norma hilbertiana in $\mathbb{R}^n$ con relativo prodotto scalare $(.,.)$, l'ipotesi (L3) può essere sostituita da

$$(V_y(y), f(y)) < 0, \quad \forall\, y \in \mathbb{R}^n \setminus \{0\}. \tag{L3'}$$

Infatti $\|.\|$ è una norma equivalente a quella euclidea.

5.4 Stabilità per linearizzazione

Come applicazione del teorema di stabilità di Lyapunov, consideriamo il sistema

$$y' = f(y) = Ay + F(y) \tag{5.4}$$

con $F(y) = o(|y|)$ per $|y| \to 0$.

Teorema 5.4. *Se gli autovalori $\lambda_i = \alpha_i + i\beta_i$ di A sono tali che $\alpha_i < 0$, allora $y = 0$ è asintoticamente stabile per (5.4).*

Premettiamo un lemma di Algebra lineare (per una dimostrazione si veda, ad esempio [1, Lemma 15.4]).

Lemma 5.2. *Sia A una matrice $n \times n$ con autovalori $\lambda_k = \alpha_k + i\beta_k$ e siano $\underline{\alpha}, \overline{\alpha} \in \mathbb{R}$ tali che*

$$\underline{\alpha} < \min \alpha_k \leq \max \alpha_k < \overline{\alpha}.$$

Allora esiste una norma hilbertiana $\|.\|$ in $\mathbb{R}^n$ tale che per il relativo prodotto scalare $(.,.)_A$ si ha

$$\underline{\alpha}\,\|y\|^2 \le (Ay,y)_A \le \overline{\alpha}\,\|y\|^2.$$

Dimostrazione del Teorema 5.4. Poniamo $V(y) = \frac{1}{2}\|y\|^2$. Verifichiamo che, oltre a (L1), vale (L3') in un intorno di $y = 0$. Infatti

$$(V_y(y), f(y))_A = (y, Ay)_A + (y, F(y))_A = (y, Ay)_A + o(\|y\|^2).$$

Poichè per ipotesi $\max \alpha_k < 0$, nel Lemma 5.2 possiamo prendere $\overline{\alpha} < 0$. Ne segue

$$(V_y(y), f(y))_A \le \overline{\alpha}\,\|y\|^2 + o(\|y\|^2),$$

e quindi vale (L3') in un intorno di $y = 0$. Dal Teorema 5.3, tenendo conto delle Osservazioni 5.1, segue che $y = 0$ è asintoticamente stabile. $\square$

Possiamo applicare il teorema precedente al sistema $y' = Ay$ che corrisponde al sistema (5.4) con $F(y) \equiv 0$.

Corollario 5.1. *Se tutti gli autovalori di A hanno parte reale negativa, allora $y = 0$ è asintoticamente stabile per $y' = Ay$.*

Esempio 5.1. Nel caso del sistema

$$\begin{cases} y' = z - \mu(y^3 - y), \\ z' = -y \end{cases}$$

che equivale all'equazione di Van der Pol $y'' - \mu(1 - 3y^2)y' + y = 0$, cfr (3.12), si ha

$$A = \begin{pmatrix} \mu & 1 \\ -1 & 0 \end{pmatrix}.$$

Gli autovalori di A sono $\frac{1}{2}(\mu \pm \sqrt{\mu^2 - 4})$. Quindi se $\mu < 0$ allora $(y, z) = (0, 0)$ è asintoticamente stabile.

Osservazione 5.2. Consideriamo il sistema

$$\begin{cases} y' = -p + y^3 \\ p' = y + p^3 \end{cases}.$$

Qui

$$A = \begin{pmatrix} 0 & -1 \\ 1 & 0 \end{pmatrix}$$

i cui autovalori sono $\pm i$. Ripetendo i ragionamenti nella discussione relativa al sistema (3.11), poniamo

$$\rho(t) = \frac{1}{2}(y^2(t) + p^2(t)).$$

Si ha

$$\rho' = yy' + pp' = y(-p + y^3) + p(y + p^3) = y^4 + p^4 > 0 \quad \text{se} \quad \rho > 0.$$

Allora le traiettorie si allontanano dall'origine che è quindi instabile.

Se invece consideriamo il sistema

$$\begin{cases} y' = -p - y^3 \\ p' = y - p^3 \end{cases}$$

la matrice A è la stessa di prima ma $\rho' = -(y^4 + p^4) < 0$ se $\rho > 0$ e quindi ora le traiettorie si avvicinano all'origine che è quindi stabile.

Dunque, la stabilità o instabilità dipende dai termini di ordine superiore al primo. Questo mostra che il Teorema 5.4 non vale se qualche autovalore di A è puramente immaginario.

Osservazione 5.3. A completamento del teorema precedente si dimostra che se almeno un autovalore di A è positivo o ha parte reale positiva, allora $u = 0$ è instabile.

5.5 Esercizi

1. Nel caso del Teorema 5.2, mostrare che $(0,0)$ è stabile ma non asintoticamente stabile.
2. Mostrare che il sistema conservativo (SC) può essere trasformato in un sistema hamiltoniano e discutere in quest'ottica il Teorema 5.1.
3. Mostrare che $x = y = 0$ è un equilibrio instabile del sistema del tipo Lotka-Volterra
$$\begin{cases} x' = (1 - y)x, \\ y' = (x - 1)y. \end{cases}$$
4. Per lo stesso sistema mostrare che l'equilibrio $x = y = 1$ è stabile. Suggerimento: usare l'Esercizio 3.6-(3).

Per uno studio più ampio della stabilità si veda ad esempio [12, Cap. V] o [13, Cap. 5].

6

Le equazioni di Eulero-Lagrange

In questo capitolo discuteremo una classe di equazioni differenziali di natura variazionale.

6.1 I funzionali del Calcolo delle Variazioni

Il Calcolo delle variazioni moderno nasce alla fine del seicento per merito di matematici come Johan e Jacob Bernoulli, Newton, Leibnitz, Fermat ed altri, che formulano dei problemi di minimo per dei *funzionali*.

Per funzionale si intende una quantità definita in una classe di funzioni $\mathcal{C}$ ed espressa mediante un integrale. Nel caso più semplice, cioè in dimensione uno, data una funzione continua $F = F(x, y, p)$ definita su $[a, b] \times \mathbb{R} \times \mathbb{R}$ e se $y : [a, b] \to \mathbb{R}$ è una funzione della classe $\mathcal{C}$, un funzionale ha la forma

$$I(y) = \int_a^b F(x, y(x), y'(x))dx, \qquad y \in \mathcal{C}.$$

Nella formula precedente abbiamo implicitamente supposto che le funzioni $y(x)$ nella classe $\mathcal{C}$ siano differenziabili con derivata $y'(x)$ continua a tratti. Si noti che la variabile indipendente è indicata con x invece di t.

Esempio 6.1. Se

$$\mathcal{C} = \{y \in C^1(a, b) : y(a) = a', \ y(b) = b'\}$$

ed

$$F(t, y, p) = \sqrt{1 + p^2},$$

il funzionale

$$I(y) = \int_a^b \sqrt{1 + |y'(x)|^2}dt$$

è la lunghezza della curva $y = y(x) \in \mathcal{C}$. In questo caso è facile verificare che il minimo di I su $\mathcal{C}$ esiste ed è la retta passante per i punti (a, a'), (b, b').

Ambrosetti A.: Appunti sulle equazioni differenziali ordinarie
DOI 10.1007/978-88-2394-9_6, © Springer-Verlag Italia 2012

Osservazione 6.1. A differenza dell'esempio precedente, può accadere che il minimo non esista anche se I è inferiormente limitato su $\mathcal{C}$. Ad esempio, se $F = (1 - p^2)^2$, $I(y) = \int_a^b F(y')dx$ e $\mathcal{C} = C_0^1([0,1])$, lo spazio delle funzioni $y \in C^1([0,1])$ tali che $y(0) = y(1) = 0$, si ha che $\inf_{\mathcal{C}} I(y) \geq 0$. Consideriamo una successione $y_j \in \mathcal{C}$ limitata, simmetrica rispetto ad $x = \frac{1}{2}$, crescente in $(0, \frac{1}{2})$, $y_j'(\frac{1}{2}) = 0$ e tale che $y_j(x) = x$ per $x \in [0, \frac{1}{2} - \frac{1}{j}]$. Allora si verifica facilmente che $I(y_j) \to 0$. Dunque $\inf_{\mathcal{C}} I(y) = 0$. Ma se $y \in \mathcal{C}$ è tale che $I(y) = 0$ allora $y' \equiv 1$ e quindi $y(x) = x$, il che non è possibile perché $y(1) = 0$. In altri termini, il minimo di I su $\mathcal{C}$ non esiste.

Ovviamente diverso sarebbe il discorso se la classe $\mathcal{C}$ contenesse delle funzioni regolari a tratti. Si noti che in questo caso il minimo è assunto da infinite funzioni. Basta prendere, per $k = 1, 2, ..$ le funzioni y_k tali che $y_k(\frac{1}{k}) = 0$ e $|y_k'| = 1$, dove y_k è derivabile.

Un altro esempio in cui in minimo può non esistere è quello della catenaria, discusso nella Sezione 7.4.

6.2 L'equazione di Eulero-Lagrange

Vogliamo provare che ogni minimo di I verifica un'equazione differenziale: l'equazione di Eulero-Lagrange.

Useremo le seguenti notazioni:

- $\mathcal{C}$ indica la classe delle funzioni $y \in C^1([a,b])$, cioè continue e derivabili in $[a,b]$, con derivata y' continua in $[a,b]$, e tali che $y(a) = a', y(b) = b'$;
- $\mathcal{X}$ indica la classe $C_0^1([a,b])$ delle funzioni $C^1([a,b])$, che si annullano in a e b.

Teorema 6.1. *Supponiamo che $F \in C^1([a,b] \times \mathbb{R} \times \mathbb{R})$. Se $\overline{y} \in \mathcal{C}$ è tale che*

$$I(\overline{y}) = \min\{I(y) : y \in \mathcal{C}\}$$

allora $\overline{y}$ verifica l'equazione

$$F_p(x, y, y') = \int^x F_y(s, y, y')ds + k, \tag{6.1}$$

dove $\int^x F_y(s, \overline{y}, \overline{y}')ds$ è una primitiva di $F_y(x, \overline{y}, \overline{y}')$ e $k \in \mathbb{R}$.

Dimostrazione. Per per $t \in \mathbb{R}$ e per ogni $\phi \in \mathcal{X}$ consideriamo la famiglia di funzioni $\overline{y} + t\phi$. Poichè

$$\overline{y}(a) + t\phi(a) = \overline{y}(a) = a', \quad \overline{y}(b) + t\phi(b) = \overline{y}(b) = b',$$

allora $\overline{y} + t\phi \in \mathcal{C}$ per ogni $t \in \mathbb{R}$ e ogni $\phi \in \mathcal{X}$. Poniamo,

$$f(t) := I(\overline{y} + t\phi).$$

La funzione f è di classe C^1 e dal fatto che $\overline{y} + t\phi \in \mathcal{C}$ e che $\overline{y}$ realizza il minimo di I su $\mathcal{C}$ segue che $t = 0$ è un minimo per f. Allora, per ogni funzione

$\phi \in \mathcal{X}$ si ha $f'(0) = 0$. Questo implica

$$\int_a^b [F_y(x, \overline{y}, \overline{y}')\phi + F_p(x, \overline{y}, \overline{y}')\phi']\, dx = 0, \quad \forall \phi \in \mathcal{X}.$$

Integrando per parti e usando il fatto che $\phi(a) = \phi(b) = 0$, troviamo

$$\int_a^b F_y(x, \overline{y}, \overline{y}')\phi dx = \int_a^b \left[\phi' \int_a^x F_y(s, \overline{y}, \overline{y}')ds\right] dx.$$

Dunque $\forall \phi \in \mathcal{X}$ si ha

$$\int_a^b \left[\int_a^x F_y(s, \overline{y}, \overline{y}')ds - F_p(x, \overline{y}, \overline{y}')\right] \phi' dx = 0. \tag{6.2}$$

Per completare la dimostrazione del teorema, proviamo il seguente lemma:

Lemma 6.1. *Se $h \in C([a, b])$ è tale che*

$$\int_a^b h(x)\phi'(x)dx = 0, \quad \forall \phi \in \mathcal{X},$$

allora h è costante in $[a, b]$.

Dimostrazione. Mostreremo che $h(x) \equiv k$, dove

$$k = \frac{1}{b-a} \int_a^b h(x)dx.$$

Consideriamo

$$\widehat{\phi}(x) = \int_a^x (h(s) - k)ds.$$

La funzione $\widehat{\phi}$ è di classe C^1 e si ha

$$\widehat{\phi}(a) = 0, \qquad \widehat{\phi}(b) = \int_a^b (h(s) - k)ds = 0.$$

Quindi $\widehat{\phi} \in \mathcal{X}$ e perciò

$$\int_a^b h(x)\widehat{\phi}'(x)dx = 0.$$

Inoltre

$$\int_a^b (h(x) - k)\widehat{\phi}'dx = \int_a^b h(x)\widehat{\phi}'(x)dx - c(\widehat{\phi}(b) - \widehat{\phi}(a)) = 0.$$

D'altra parte,

$$\int_a^b (h(x) - k)\widehat{\phi}'(x)dx = \int_a^b (h(x) - k)^2 dx.$$

Ne segue che $h(x) \equiv k$. $\qquad\qquad\square$

Completamento della dimostrazione della Teorema 6.1. Posto

$$h(x) = \int_a^x F_y(s, \overline{y}, \overline{y}')ds - F_p(x, \overline{y}, \overline{y}'),$$

h verifica (6.2) e quindi dal Lemma 6.1 segue che

$$\int_a^x F_y(s, \overline{y}, \overline{y}')ds - F_p(x, \overline{y}, \overline{y}') = k,$$

e quindi $\overline{y}$ verifica (6.1).   □

Esempio 6.2. Se $F(p) = \sqrt{1 + p^2}$ e $I(y) = \int_a^b F(y')dx$ abbiamo visto nell'E-sempio 6.1 che il minimo di I su C esiste ed è assunto dalla retta $\overline{y}(x) = c_1 x + c_2$ con le costanti c_2, c_3 determinate imponendo le *condizioni iniziali* $\overline{y}(a) = a'$ e $\overline{y}(b) = b'$. Verifichiamo che $\overline{y}$ risolve l'equazione (6.1). Infatti in questo caso (6.1) prende la forma $F_p = k$ cioè

$$\frac{y'}{\sqrt{1 + y'^2}} = k.$$

È chiaro che $y = \overline{y}$ verifica tale equazione con

$$k = \frac{c_1}{\sqrt{1 + c_1^2}}.$$

Motivati dai ragionamenti fatti nella dimostrazione del Teorema 6.1, diamo la seguente definizione:

Definizione 6.1. *Diremo che $y \in C$ è un* punto stazionario *(o* estremale*) di I su C se*

$$\int_a^b [F_y(x, y, y')\phi + F_p(x, y, y')\phi']\, dx = 0, \quad \forall \phi \in \mathcal{X}.$$

Osservazione 6.2. Dalla dimostrazione del Teorema 6.1 segue che non solo i minimi di I si C, ma ogni punto stazionario di I verifica la (6.1).

Teorema 6.2. *Supponiamo che F sia di classe C^1. Se $\overline{y} \in C$ è un punto stazionario di I su C, allora $\overline{y}$ verifica l'equazione di Eulero-Lagrange*

$$\frac{d}{dx} F_p(x, \overline{y}, \overline{y}') = F_y(x, \overline{y}, \overline{y}'). \tag{EL}$$

Dimostrazione. Tenuto conto delle ipotesi, (6.1) implica che $F_p(x, \overline{y}, \overline{y}')$ è derivabile. Allora (EL) segue derivando la (6.1), che vale per ogni punto stazionario di I, cfr. l'Osservazione 6.2.   □

In pratica, volendo trovare un minimo di I su $\mathcal{C}$, si cerca una soluzione dell'equazione (EL) e si cerca poi di verificare che essa è effettivamente un minimo. Si noti che se F è classe C^2 la (EL) si scrive esplicitamente come

$$F_{px}(x,y,y') + F_{py}(x,y,y')y' + F_{pp}(x,y,y')y'' = F_y(x,y,y').$$

Le equazioni che risultano essere le equazioni di Eulero-Lagrange di un funzionale I vengono dette *equazioni variazionali*.

6.2.1 Casi particolari dell'equazione di Eulero-Lagrange

Vogliamo vedere come si scrive l'equazione (EL) in alcuni casi particolari.

1) Se $F = F(x,y)$ non dipende da p allora $\overline{y}$ risolve l'equazione

$$F_y(x,\overline{y}) = 0.$$

2) Se $F = F(x,p)$ non dipende da y allora $\overline{y}$ risolve l'equazione (notare che, come visto prima, $F_p(x,\overline{y}')$ è derivabile rispetto ad x)

$$\frac{d}{dx}F_p(x,\overline{y}') = 0.$$

3) Se $F = F(y,p)$ non dipende da x, allora $\overline{y}$ verifica (anche qui va osservato che $F_p(\overline{y},\overline{y}')$ è derivabile rispetto ad x)

$$\frac{d}{dx}(F(\overline{y},\overline{y}') - \overline{y}'F_p(\overline{y},\overline{y}')) = F_y\overline{y}' - \overline{y}'\frac{d}{dx}F_p(\overline{y},\overline{y}')$$

$$= \overline{y}'(F_y(\overline{y},\overline{y}') - \frac{d}{dx}F_p(\overline{y},\overline{y}')) = 0. \qquad (6.3)$$

Quindi

$$F(\overline{y},\overline{y}') - \overline{y}'F_p(\overline{y},\overline{y}') = k, \qquad k \in \mathbb{R}. \qquad (6.4)$$

6.2.2 Estensioni

1) Se $y = (y_1,\ldots,y_n) \in \mathbb{R}^n$, $p = (p_1,\ldots,p_n) \in \mathbb{R}^n$ e $F : \mathbb{R} \times \mathbb{R}^n \times \mathbb{R}^n \to \mathbb{R}$

$$F = F(x,y,p) = F(x,y_1,\ldots,y_n,p_1,\ldots,p_n).$$

In questo caso la classe $\mathcal{C}$ sarà formata dalle funzioni $y : [a,b] \to \mathbb{R}^n$ di classe C^1 in $[a,b]$ tali che $y(a) = A \in \mathbb{R}^n$ e $y(b) = A' \in \mathbb{R}^n$. Se $\overline{y} : [a,b] \to \mathbb{R}^n$ è un punto stazionario di $I(y) = \int_a^b F(x,y,y')dx$, dove $y' = (y_1',\ldots,y_n')$, allora ripetendo i ragionamenti fatti nel Teorema 6.1 si ha

$$F_{p_i}(x,\overline{y},\overline{y}') = \int^x F_{y_i}(s,\overline{y},\overline{y}')ds + k, \qquad i = 1,\ldots,n. \qquad (6.5)$$

Inoltre, come nel Teorema 6.2 si trova che $\overline{y}$ risolve il sistema di n equazioni differenziali ordinarie:

$$\frac{d}{dx}F_{p_i}(x,\overline{y},\overline{y}') = F_{y_i}(x,\overline{y},\overline{y}'), \qquad i = 1,\ldots,n. \tag{6.6}$$

2) Se Ω è un aperto regolare di $\mathbb{R}^n$ prendiamo F della forma

$$F = F(x,u,p_1,\ldots,p_n), \qquad x = (x_1,\ldots,x_n) \in \Omega.$$

Consideriamo la classe $\mathcal{C}$ delle funzioni $u : \overline{\Omega} \to \mathbb{R}$ continue e con le derivate parziali u_{x_i} continue in $\overline{\Omega}$ e tali che $u(x) = g(x)$ per $x \in \partial\Omega$, il bordo di Ω. Sia $\overline{u}$ un punto stazionario di

$$I(u) = \int_\Omega F(x,u,\nabla u)dx \quad u \in \mathcal{C},$$

dove $\nabla u = (u_{x_1},\ldots,u_{x_n})$ indica il gradiente di u. In questo caso si trova che $\overline{u}$ risolve l'equazione alle derivate parziali:

$$\sum_{i=1}^{n} \frac{\partial}{\partial x_i} F_{p_i}(x,\overline{u},\nabla\overline{u}) = F_u(x,\overline{u},\nabla\overline{u}). \tag{6.7}$$

Esempi 6.3. (i) (Equazioni newtoniane) Dato il potenziale $U : \mathbb{R}^n \to \mathbb{R}$, regolare, introduciamo la *lagrangiana*

$$L(y,p) = \tfrac{1}{2}m|p|^2 - U(y).$$

Se $\mathcal{C}$ è la classe di funzioni $y \in C^1([a,b],\mathbb{R}^n)$ tali che $y(a) = A' \in \mathbb{R}^n$, $y(b) = B' \in \mathbb{R}^n$, sia $\overline{y} \in \mathcal{C}$ un punto stazionario del funzionale

$$I(y) = \int_a^b L(y,y')dx, \qquad y \in \mathcal{C}.$$

Da (6.5) segue che $L_{p_i} - \int^x L_{y_i} = k$. Poichè $L_{p_i} = mp_i$ e $L_{y_i} = -U_{y_i}$ si trova che $\overline{y}$ verifica il sistema

$$m\overline{y}'_i + \int^x U_{y_i}(\overline{y}) = k.$$

Allora $\overline{y}'$ è di classe C^1 e quindi $\overline{y}$ verifica il sistema

$$m\overline{y}''_i + U_{y_i}(\overline{y}_1,\ldots,\overline{y}_n) = 0, \qquad i = 1,\ldots,n,$$

o, in forma compatta, l'equazione di Newton

$$m\overline{y}'' + U_y(\overline{y}) = 0. \tag{6.8}$$

(ii) (Problema di Dirichlet.) Sia Ω un aperto limitato di $\mathbb{R}^n$ e sia $\mathcal{C}$ la classe delle funzioni $u(x)$ regolari in $\overline{\Omega}$ tali che $u_{|\partial\Omega} = g(x)$. Il *problema di Dirichlet* consiste nel trovare il

$$\min\{\int_\Omega |\nabla u(x)|^2 dx : u \in \mathcal{C}\}.$$

In questo caso $I(u) = \int_\Omega |\nabla u(x)|^2 dx$. Se I ha minimo $\overline{u} \in \mathcal{C}$ e $\overline{u}$ è di classe $C^2(\Omega)$ allora (6.7) dice che $\overline{u}$ risolve

$$\sum_{i=1}^{n} \frac{\partial}{\partial x_i} \overline{u}_{x_i} = 0,$$

cioè

$$\begin{cases} \Delta \overline{u}(x) = 0, & x \in \Omega, \quad (\Delta u = u_{x_1 x_1} + \ldots + u_{x_n x_n}) \\ \overline{u}(x) = g(x), & x \in \partial\Omega, \end{cases} \tag{6.9}$$

le cui soluzioni sono le funzioni armoniche in Ω che valgono g sul bordo $\partial\Omega$. Osserviamo che l'esistenza e regolarità del $\min_\mathcal{C} I$ è tutt'altro che banale ed è stata provata solo agli inizi del '900 da D. Hilbert.

(iii) (Geodetiche su una superficie.) Consideriamo una superficie M in $\mathbb{R}^3$, di classe C^2, di equazioni

$$\begin{cases} x = x(u,v), \\ y = y(u,v), \\ z = z(u,v), \end{cases}$$

con $(u,v) \in \mathbb{R}^2$. Siano $u = u(t), v = v(t)$ delle funzioni regolari in $[a,b]$. Dati $A, B \in M$, sia $\mathcal{C}$ la classe delle curve di equazioni

$$\begin{cases} x(t) = x(u(t), v(t)), \\ y(t) = y(u(t), v(t)), \\ z(t) = z(u(t), v(t)), \end{cases}$$

tali che

$$(x(a), y(a), z(a)) = A, \qquad (x(b), y(b), z(b)) = B.$$

Una geodetica su M tra $A, B \in M$ è una curva della classe $\mathcal{C}$ che minimizza la sua lunghezza

$$I(u,v) = \int_a^b \sqrt{Eu'^2 + 2Fu'v' + Gv'^2} \, dt,$$

dove

$$E = x_u^2 + y_u^2 + z_u^2,$$
$$F = x_u x_v + y_u y_v + z_u z_v,$$
$$G = x_v^2 + y_v^2 + z_v^2,$$

con $EG - F^2 > 0$, sono i coefficienti della prima forma fondamentale di M (cfr. ad es. [14, Lezione 36], dove E è indicato con R).

Ammettendo che il minimo esista e sia di classe C^2, esso verifica il sistema

$$\frac{d}{dt}\frac{Eu' + Fv'}{H} = \frac{1}{2H}(E_u u'^2 + 2F_u u'v' + G_u v'^2)$$

$$\frac{d}{dt}\frac{Fu' + Gv'}{H} = \frac{1}{2H}(E_v u'^2 + 2F_v u'v' + G_v v'^2)$$

dove

$$H = \sqrt{Eu'^2 + 2Fu'v' + Gv'^2}.$$

Per vedere il significato geometrico di queste equazioni, conviene parametrizzare la curva con la coordinata curvilinea s. Poiché $d/dt = H\, d/ds$, $u' = H\, du/ds = Hu_s$ e $v' = H\, dv/ds = Hv_s$ il sistema precedente diventa

$$\frac{d}{ds}(Eu_s + Fv_s) = \frac{1}{2}(E_u u_s^2 + 2F_u u_s v_s + G_u v_s^2)$$

$$\frac{d}{ds}(Fu_s + Gv_s) = \frac{1}{2}(E_v u_s^2 + 2F_v u_s v_s + G_v v_s^2).$$

Usando le espressioni di E, F e G, con facili calcoli si trova

$$x_u x_{ss} + y_u y_{ss} + z_u z_{ss} = 0, \quad x_v x_{ss} + y_v y_{ss} + z_v z_{ss} = 0.$$

Questa relazione dice che, in ogni punto della geodetica, il vettore (x_{ss}, y_{ss}, z_{ss}), la normale principale, è ortogonale ai vettori (x_u, y_u, z_u), (x_v, y_v, z_v) e quindi al piano tangente ad M.

6.3 Problemi vincolati

Vogliamo ora studiare il caso in cui il minimo cercato è soggetto ad un vincolo del tipo

$$J(y) = \int_a^b G(x, y, y')dx = k,$$

dove $G = G(x, y, p)$ ha le stesse proprietà di F. Ripetiamo i ragionamenti fatti nel Teorema 6.2 e consideriamo le funzioni di due variabili

$$f(s, t) = I(\overline{y} + s\phi + t\psi), \quad g(s, t) = J(\overline{y} + s\phi + t\psi), \quad \phi, \psi \in \mathcal{X}.$$

Se $\overline{y}$ è un minimo di I nella classe $\mathcal{C}$, soggetto al vincolo $J(y) = k$ allora $(s, t) = (0, 0)$ è un minimo di f vincolato alla condizione $g = k$. L'insieme $\{(s, t) \in \mathbb{R}^2 : g(s, t) = k\}$ è, localmente vicino a $(0, 0)$, una curva regolare, non appena $\nabla g(0, 0) := (g_s(0, 0), g_t(0, 0)) \neq (0, 0)$. Poiché

$$g_s(0, 0) = \int_a^b [G_y \phi + G_p \phi']dx$$

$$g_t(0, 0) = \int_a^b [G_y \psi + G_p \psi' dx,$$

dove G_y, G_p sono calcolate in $(x, \overline{y}, \overline{y}')$. Allora, in accordo col Teorema 6.2, si ha

$$g_s(0,0) = \int_a^b [G_y - \frac{d}{dx}G_p]\phi dx$$

$$g_t(0,0) = \int_a^b [G_y - \frac{d}{dx}G_p]\psi dx.$$

Quindi la condizione $\nabla g(0,0) \neq (0,0)$ è certamente verificata se $\overline{y}$ non è un punto stazionario di J. Dal Calcolo sappiamo che esiste $\lambda \in \mathbb{R}$ (moltiplicatore di Lagrange) tale che sono verificate le equazioni

$$f_s(0,0) = \lambda g_s(0,0), \quad f_t(0,0) = \lambda g_t(0,0), \quad g = k.$$

Si ha

$$0 = (f - \lambda g)_s = \int_a^b \phi(F_y - \frac{d}{dx}F_p)dx - \lambda \int_a^b \phi(G_y - \frac{d}{dx}G_p)dx$$

$$0 = (f - \lambda g)_t = \int_a^b \psi(F_y - \frac{d}{dx}F_p)dx - \lambda \int_a^b \psi(G_y - \frac{d}{dx}G_p)dx.$$

Le precedenti relazioni sono verificate per ogni $\phi, \psi \in \mathcal{X}$ e perciò possiamo concludere enunciando il seguente risultato:

Teorema 6.3. *Supponiamo che F e G verifichino le ipotesi fatte nel Teorema 6.2. Se $\overline{y} \in \mathcal{C}$ è tale che*

$$I(\overline{y}) = \min\{I(y) : y \in \mathcal{C}, \ J(y) = k\}$$

e se $\overline{y}$ non è un punto stazionario di J, allora esiste $\lambda \in \mathbb{R}$ tale che $\overline{y}$ verifica

$$F_y(x, \overline{y}, \overline{y}') - \frac{d}{dx}F_p(x, \overline{y}, \overline{y}') = \lambda \left(G_y(x, \overline{y}, \overline{y}') - \frac{d}{dx}G_p(x, \overline{y}, \overline{y}') \right). \quad (6.10)$$

Esempio 6.4. Se cerchiamo le curve $y \in \mathcal{C}$ che hanno lunghezza L, il vincolo è dato da

$$J(y) = \int_a^b \sqrt{1 + y'^2}dx = L.$$

In questo caso (6.10) diventa

$$F_y(x, y, y') - \frac{d}{dx}F_p(x, y, y') = -\lambda \frac{d}{dx} \frac{y'}{\sqrt{1 + y'^2}}.$$

6.4 Condizioni del secondo ordine

Se $f \in C^2(\mathbb{R})$ ha un minimo in $t = t_0$ allora $f'(t_0) = 0$. Abbiamo visto che un minimo di un funzionale I del Calcolo delle Variazioni verifica, invece dell'equazione $f' = 0$, un'equazione differenziale o un sistema di equazioni differenziali. Inoltre f verifica $f''(t_0) \geq 0$ ed è naturale porsi la questione se, in analogia al caso elementare, si possono ottenere delle condizioni del secondo ordine anche per i minimi di I. Risultati di questo tipo sono stati stabiliti, tra gli altri, da Legendre, Jacobi e Weierstrass. Il seguente teorema è dovuto a Legendre.

Teorema 6.4. *Supponiamo che F si di classe C^2 e sia $\overline{y} \in C$ tale che $I(\overline{y}) = \min_C I(y)$. Allora risulta $F_{pp}(x, \overline{y}, \overline{y}') \geq 0$.*

Dimostrazione. Riprendiamo la funzione introdotta in precedenza $f(t) = I(\overline{y} + t\phi)$ con $\phi \in \mathcal{X}$. La funzione f è di classe C^2 ed ha un minimo per $t = 0$, per cui si ha $f'(0) = 0$ e $f''(0) \geq 0$. Quest'ultima condizione si scrive nella forma

$$\int_a^b \left[F_{uu}\phi^2 + F_{up}\phi\phi' + F_{pp}(\phi')^2 \right] dx \geq 0, \quad \forall \phi \in \mathcal{X}.$$

Fissata una $\phi \in \mathcal{X}$ con supporto contenuto in $[\alpha, \beta] \subset (a, b)$, poniamo $\phi_\varepsilon(x) = \phi(x/\varepsilon)$. Sostituendo nell'equazione precedente e facendo il cambio di variabile $x \mapsto \varepsilon y$ si trova

$$I''(\overline{y})[\phi_\varepsilon]^2 = \int_{\alpha/\varepsilon}^{\beta/\varepsilon} \left[\varepsilon F_{uu}\phi^2 + F_{up}\phi\phi' + \varepsilon^{-1}F_{pp}\phi'^2 \right] dy \geq 0.$$

Se, per assurdo, $F_{pp} < 0$, si troverebbe

$$\lim_{\varepsilon \to 0} I''(\overline{y})[\phi_\varepsilon]^2 = -\infty,$$

contraddizione che prova il teorema.   □

6.4.1 Condizioni sufficienti

Discuteremo in questa sezione alcune condizioni sufficienti per l'esistenza di un minimo di I in $\mathcal{C}$.

Considereremo prima il caso in cui $F = F(x, p)$ non dipende da y e ricordiamo che se $F = F(x, p)$ la (6.1) diventa

$$F_p(x, y'(x)) = k, \qquad k \in \mathbb{R}. \tag{6.11}$$

Teorema 6.5. *Supponiamo che $F \in C^2([a, b] \times \mathbb{R})$ e che verifichi $F_{pp}(x, p) \geq 0$, risp. $F_{pp}(x, p) > 0$, $\forall (x, p) \in [a, b] \times \mathbb{R}$. Se $\overline{y} \in \mathcal{C}$ verifica (6.11), allora $\overline{y}$ è un minimo, risp. minimo stretto.*

Dimostrazione. Si ha

$$F(x, \overline{y}' + \phi') - F(x, \overline{y}') = F_p(x, \overline{y}')\phi' + \tfrac{1}{2}F_{pp}(x, \overline{y}' + \zeta\phi')\phi'^2,$$

con $\zeta = \zeta(x) \in [0,1]$ e $\phi \in \mathcal{X}$. Usando l'ipotesi $F_{pp}(x,p) \geq 0$, deduciamo

$$F(x, \overline{y}' + \phi') - F(x, \overline{y}') \geq F_p(x, \overline{y}')\phi', \quad \forall \phi \in \mathcal{X}.$$

Integrando si ha

$$\int_a^b [F(x, \overline{y}' + \phi') - F(x, \overline{y}')] \geq \int_a^b F_p(x, \overline{y}')\phi', \quad \forall \phi \in \mathcal{X},$$

cioè

$$I(\overline{y} + \phi) - I(\overline{y}) \geq \int_a^b F_p(x, \overline{y}')\phi', \quad \forall \phi \in \mathcal{X}.$$

Ricordando la (6.11), si trova

$$\int_a^b F_p(x, \overline{y}')\phi' = k \int_a^b \phi' = k(\phi(b) - \phi(a)) = 0, \quad \forall \phi \in \mathcal{X}.$$

Allora $I(\overline{y} + \phi) - I(\overline{y}) \geq 0$ per ogni $\phi \in \mathcal{X}$ e quindi $\overline{y}$ è un minimo di I. Se $F_{pp}(x,p) > 0$ allora $I(\overline{y} + \phi) - I(\overline{y}) > 0$ e $\overline{y}$ è un minimo stretto. $\qquad \square$

Dimostriamo ora:

Teorema 6.6. *Supponiamo che $F \in C^2([a,b] \times \mathbb{R} \times \mathbb{R})$ sia tale che la forma quadratica*

$$Q(x, y, y')[v, w] := F_{yy}(x, y, y')v^2 + 2F_{yp}(x, y, y')vw + F_{pp}(x, y, y')w^2,$$

sia semidefinita positiva, risp. definita positiva, per ogni $(x, y, p) \in [a, b] \times \mathbb{R} \times \mathbb{R}$. Se $\overline{y} \in \mathcal{C}$ è un punto stazionario I in $\mathcal{C}$, allora $\overline{y}$ è un minimo, risp. minimo stretto.

Dimostrazione. Calcoliamo, per una generica $\phi \in \mathcal{X}$,

$$F(x, y + \phi, y' + \phi') - F(x, y, y') = F_y\phi + F_p\phi'$$
$$+ \tfrac{1}{2}\left(F_{yy}(\bullet)\phi^2 + 2F_{yp}(\bullet)\phi\phi' + F_{pp}(\bullet)(\phi')^2\right)$$

dove $(\bullet) = (x, y + \zeta\phi, y' + \zeta\phi')$ per un opportuno $\zeta = \zeta(x) \in [0,1]$. Possiamo riscrivere questa equazione nella forma

$$F(x, y + \phi, y' + \phi') - F(x, y, y') = F_y\phi + F_p\phi' + Q(\bullet)[\phi, \phi'].$$

Allora

$$I(y + \phi) - I(y) = \int_a^b (F_y\phi + F_p\phi' + Q(\bullet)[\phi, \phi'])\,dx.$$

Se $\overline{y}$ è un punto stazionario di I, risulta $\int_a^b(F_y\phi + F_p\phi')dx = 0$, $\forall \phi \in \mathcal{X}$. Allora si trova

$$I(\overline{y} + \phi) - I(\overline{y}) = \int_a^b Q(x, \overline{y} + \zeta\phi, \overline{y}' + \zeta\phi')[\phi, \phi']dx, \quad \forall \phi \in \mathcal{X}.$$

Se Q è definita positiva, risp. semidefinita positiva, si deduce che $I(\overline{y} + \phi) - I(\overline{y}) > 0$, $\forall \phi \in \mathcal{X}$, resp. $I(\overline{y} + \phi) - I(\overline{y}) \geq 0$, $\forall \phi \in \mathcal{X}$. Poiché $\phi \in \mathcal{X}$ è arbitraria, segue la conclusione.   □

Dimostriamo ora:

Teorema 6.7. *Supponiamo che*

$$\begin{cases} F_{pp}(x,y,p) \geq \alpha > 0, \\ |F_{yp}(x,y,p)| \leq \beta, \\ |F_{yy}(x,y,p)| \leq \gamma, \end{cases}$$

con

$$\alpha > 2\beta \frac{b-a}{\pi} + \gamma \frac{(b-a)^2}{\pi^2}. \tag{6.12}$$

Allora ogni punto stazionario $\overline{y}$ di I in $\mathcal{C}$ è un minimo stretto.

Dimostrazione. Come nel teorema precedente e con le stesse notazioni, si ha

$$I(\overline{y} + \phi) - I(\overline{y}) = \tfrac{1}{2} \int_a^b \left[F_{yy}\phi^2 + 2F_{yp}\phi\phi' + F_{pp}\phi'^2 \right] dx$$

$$\geq \tfrac{1}{2} \left[\alpha \int_a^b |\phi'|^2 - 2\beta \int_a^b |\phi\phi'| - \gamma \int_a^b \phi^2 \right].$$

Usiamo ora la diseguaglianza di Poincaré (4.26)

$$\int_a^b \phi^2 dx \leq \frac{(b-a)^2}{\pi^2} \int_a^b |\phi'|^2 dx, \quad \forall \phi \in C_0^1(a,b). \tag{6.13}$$

Usando la (6.13) e la diseguaglianza di Hölder si trova

$$\int_a^b |\phi\phi'| dx \leq \sqrt{\int_a^b \phi^2} \sqrt{\int_a^b |\phi'|^2} \leq \frac{b-a}{\pi} \int_a^b |\phi'|^2.$$

Inoltre da questa equazione ed usando ancora (6.13) si ha

$$I(\overline{y} + \phi) - I(\overline{y}) \geq \tfrac{1}{2} \left[\alpha \int_a^b |\phi'|^2 - 2\beta \int_a^b |\phi\phi'| - \gamma \int_a^b \phi^2 \right]$$

$$\geq \tfrac{1}{2} \left(\alpha - 2\frac{b-a}{\pi}\beta - \frac{(b-a)^2}{\pi^2}\gamma \right) \int_a^b |\phi'|^2.$$

Allora l'ipotesi (6.12) implica

$$I(\overline{y} + \phi) - I(\overline{y}) > 0, \quad \forall \phi \in \mathcal{X} \setminus \{0\},$$

e questo completa la dimostrazione del teorema.   □

Terminiamo enunciando un risultato che estende il Teorema 6.5 e verrà usato nel capitolo successivo. Per la dimostrazione si rimanda a [5, Chap. II.6].

Teorema 6.8. *Supponiamo che $F \in C^2([a,b] \times \mathbb{R} \times \mathbb{R})$ e risulti $F_{pp}(x,y,p) > 0$ per ogni $(x,y,p) \in [a,b] \times \mathbb{R} \times \mathbb{R}$. Allora ogni punto stazionario $\overline{y}$ di I in $\mathcal{C}$ è un minimo stretto.*

Corollario 6.1. *Se $F = g(y)\sqrt{1+p^2}$ con $g \in C^2(\mathbb{R})$ tale che $g(y) > 0$, allora ogni punto stazionario $\overline{y}$ di I in $\mathcal{C}$ è un minimo stretto per I in $\mathcal{C}$.*

Dimostrazione. Si ha

$$F_{pp}(x,y,p) = g(y)\frac{1}{(1+p^2)^{3/2}} > 0.$$ □

6.4.2 Regolarità

In tutta questa sezione le funzioni della classe $\mathcal{C}$ sono C^1 a tratti.

Nel seguito supporremo che

(*) $F(x,y,p)$ sia di classe C^1 e che F_p sia derivabile rispetto a p con derivata F_{pp} continua.

Sappiamo che in ogni intervallo (α, β) dove $\overline{y} \in C^1$ vale la (6.1) cioè

$$F_p(x,\overline{y},\overline{y}') = \int_a^x F_y(x,\overline{y},\overline{y}')dx + c, \quad a < x < b.$$

Osserviamo che il secondo membro è continuo per ogni x. Allora, se x^* è un punto di discontinuità di $\overline{y}'$, detti p^-, p^+ i valori della derivata sinistra, risp. destra, di $\overline{y}$ deduciamo da (6.1)

$$F_p(x^*,\overline{y}(x^*),p^-) = F_p(x^*,\overline{y}(x^*),p^+). \tag{6.14}$$

Inoltre, si ha

$$F_p(x^*,\overline{y}(x^*),p^+) - F_p(x^*,\overline{y}(x^*),p^-) = \int_{p^-}^{p^+} F_{pp}(x^*,\overline{y}(x^*),z)dz$$

e quindi, da (6.14) deduciamo

$$\int_{p^-}^{p^+} F_{pp}(x^*,\overline{y}(x^*),z)dz = 0.$$

Da questa relazione segue subito il seguente risultato:

Teorema 6.9. *Sia $\overline{y}$ un punto stazionario di I e supponiamo che valga (*) e che risulti $F_{pp}(x,\overline{y}(x),p) > 0$ per ogni $x, p \in \mathbb{R}$. Allora $\overline{y}$ è di classe C^1.*

Definizione 6.2. *Diremo che* (α, β) *è un* arco regolare *per* $\overline{y}$ *se* $\overline{y}$ *è di classe* $C^1(\alpha, \beta)$ *e*

$$F_{pp}(x, \overline{y}(x), \overline{y}'(x)) > 0, \qquad \forall\, x \in (\alpha, \beta).$$

Teorema 6.10. *Supponiamo che valga* (*). *Se* $\overline{y} \in \mathcal{C}$ *è un punto stazionario di* I *su* $\mathcal{C}$ *e se* (α, β) *è un arco regolare per* $\overline{y}$, *allora* $\overline{y} \in C^2(\alpha, \beta)$.

Dimostrazione. Per semplificare le notazioni, ometteremo la dipendenza di F da x, y. Dal teorema precedente segue intanto che $\overline{y} \in C^1$. Posto

$$S(h) = F_p(\overline{y}'(x_0 + h)), \qquad x_0 \in (\alpha, \beta),$$

consideriamo il rapporto incrementale

$$\frac{S(h) - S(0)}{h} = \frac{F_p(\overline{y}'(x_0 + h)) - F_p(\overline{y}'(x_0))}{h}.$$

Passando al limite per $h \to 0$ troviamo

$$S'(0) = \frac{d}{dx} F_p(\overline{y}'(x_0)).$$

Usando la (6.1) (si ricordi che stiamo lavorando su un arco dove la (6.1) vale), troviamo

$$S'(0) = F_y(\overline{y}'(x_0)).$$

D'altra parte, posto $z = \overline{y}'(x_0 + h) - \overline{y}'(x_0)$ si ha anche

$$\frac{S(h) - S(0)}{h} = F_{pp}(\overline{y}'(x_0) + \theta_h z) \cdot \frac{z}{h}, \qquad \theta_h \in [0, h].$$

Inoltre, essendo (α, β) un arco regolare, si ha:

$$\lim_{h \to 0} F_{pp}(\overline{y}'(x_0) + \theta_h z) = F_{pp}(\overline{y}'(x_0)) > 0.$$

Allora

$$\lim_{h \to 0} \frac{\overline{y}'(x_0 + h) - \overline{y}'(x_0)}{h} = \lim_{h \to 0} \frac{z}{h} = \frac{S'(0)}{F_{pp}(\overline{y}'(x_0))} = \frac{F_y(\overline{y}'(x_0))}{F_{pp}(\overline{y}'(x_0))}.$$

Perciò $\overline{y}'$ è derivabile in x_0 e risulta

$$\overline{y}''(x_0) = \frac{F_y(\overline{y}'(x_0))}{F_{pp}(\overline{y}'(x_0))}.$$

Infine, poiché $\overline{y}'$ è continuo in x_0, segue che $\overline{y}''$ è continua. □

6.5 Metodi diretti (cenni)

Nelle sezioni precedenti abbiamo sempre ammesso che nei problemi variazionali considerati il minimo di I su $\mathcal{C}$ esistesse. Se questo accade abbiamo visto che il minimo verifica un'equazione differenziale, l'equazione di Eulero-Lagrange. Per lungo è stato dato per scontato che il minimo esistesse. Abbiamo però osservato che, a volte, ciò non è vero. Dimostrare l'effettiva esistenza del minimo è un problema tutt'altro che banale ed è una delle motivazioni che ha portato Hilbert e Tonelli agli inizi del '900 a sviluppare delle procedure che vanno sotto il nome di "metodi diretti".

Un altro problema riguarda la risolubilità delle equazioni di Eulero-Lagrange. In alcuni casi (vedremo degli esempi nel capitolo successivo), le equazioni (EL) si possono risolvere per quadrature. Ma in generale questo problema può essere molto complicato. Per esempio, una questione aperta alla fine dell'ottocento era la risoluzione, a parte qualche caso particolare, del problema al contorno per l'operatore di Laplace (6.9). I metodi diretti permettono di provare l'esistenza delle equazioni di Eulero-Lagrange con certe condizioni al bordo, facendo vedere che i corrispondenti funzionali hanno minimo, seppure in una classe contenente funzioni meno regolari di quelle C^1 di $\mathcal{C}$. Il primo risultato di questo tipo si deve a Hilbert che dimostrò con questo approccio l'esistenza di soluzioni di (6.9).

Accenneremo brevemente a ragionamenti che si fanno, fermo restando che essi richiedono delle nozioni di Analisi Funzionale che esulano dagli argomenti discussi in questi Appunti. Per una trattazione completa rimandiamo a [16] e a [6, 7, 8].

Faremo il caso particolare ma interessante in cui $\mathcal{C} = C_0^2([a,b])$, lo spazio delle funzioni $y \in C^2([a,b])$ tali che $y(a) = y(b) = 0$,

$$F(x,y,p) = \frac{1}{2}|p|^2 + G(x,y),$$

e

$$I(y) = \int_a^b F(x,y,p)dx.$$

I punti stazionari di I in $\mathcal{C}$ sono soluzioni del problema al contorno

$$\begin{cases} y'' = G_y(x,y), & x \in (a,b), \\ y(a) = y(b) = 0. \end{cases} \tag{6.15}$$

Passo 1). Se y è una soluzione di (6.15), moltiplicando per $\phi \in C^\infty$ a supporto compatto in (a,b) e integrando per parti, otteniamo

$$\int_a^b y'\phi'dx + \int_a^b G(x,y)\phi dx = 0. \tag{6.16}$$

La (6.16) ha senso non appena y ha derivata quasi ovunque in (a,b) e y' è a quadrato integrabile in (a,b). La classe di queste funzioni è lo spazio E delle funzioni assolutamente continue in (a, b), con derivata a quadrato sommabile in (a, b) e tali che $y(a) = y(b) = 0$. Lo spazio E dotato del prodotto scalare

$$(y, v) = \int_a^b y'v'dx$$

è uno spazio di Hilbert. Diremo che $y \in E$ è una soluzione debole di (6.15) se

$$(y, v) + \int_a^b G(x, y)vdx = 0, \qquad \forall\, v \in E.$$

Un concetto importante è quello della convergenza debole in E. Si dice che la successione $y_k \in E$ converge debolmente a $y \in E$ se

$$(y_k, v) \to (y, v), \qquad \forall\, v \in E.$$

Passo 2). Si dimostra che se $|G(x, y)| \le c_1 + c_2|y|^\alpha$, con $0 < \alpha < 2$, allora I assume il minimo su E. Qui, oltre alle ipotesi su G, è essenziale essere passati dallo spazio $C_0^2([a, b])$ ad E, molto più "ampio". In altri termini può accadere che I non abbia minimo in $\mathcal{C}$ mentre il minimo esiste in E. Inoltre gioca un ruolo fodamentale il concetto di semicontuità. Infatti I è inferiormente semicontinuo rispetto alla convergenza debole.

Passo 3). Si dimostra che i minimi di I su E sono soluzioni deboli di (6.15).

Passo 4). Si prova che, se G è di classe C^1 allora ogni soluzione debole di (6.15) è di classe C^2 ed è una soluzione classica di (6.15).

7

Alcuni problemi del Calcolo delle Variazioni

7.1 La brachistocrona

Consideriamo un punto P di massa m che cade, senza attrito e soggetto solo alla forza di gravità, lungo una curva posta su un piano verticale e passante per due punti $A = (0,0)$, $B = (b, b')$. Indicata con $\mathcal{C}$ la classe delle curve con le proprietà suddette, vogliamo trovare $y \in \mathcal{C}$ che rende minimo il tempo $T(y)$ che il punto P impiega per andare da A a B lungo la curva $y = y(x)$.

Per calcolare $T(y)$ procediamo nel modo seguente. Per comodità, prendiamo l'asse verticale rivolto verso il basso e parametrizziamo le curve in $\mathcal{C}$ mediante la coordinata curvilinea $s \in [0, L]$ (L è la lunghezza dell'arco di curva da A a B). Supponiamo anche che $y(s) > 0$ per $s \in (0, L]$. Sul punto P agisce solo la forza di gravità. Le equazioni della meccanica (cioè forza=massa × accelerazione) porgono

$$mg \sin \theta = m \frac{d^2 s}{dt^2}$$

dove $mg \sin \theta$ è la proiezione del vettore mg sulla tangente a $y(s)$ nel punto P. È noto che $\sin \theta = y_s := dy/ds$ e quindi si trova

$$\frac{d^2 s}{dt^2} = g \frac{dy}{ds}.$$

Moltiplicando per $\frac{ds}{dt}$ si ha

$$\frac{ds}{dt} \frac{d^2 s}{dt^2} = \tfrac{1}{2} \frac{d}{dt} \left(\frac{ds}{dt} \right)^2 = g \frac{dy}{ds} \frac{ds}{dt} = g \frac{dy}{dt}.$$

Integrando si ottiene

$$\left(\frac{ds}{dt} \right)^2 = 2 g y + c.$$

Ambrosetti A.: Appunti sulle equazioni differenziali ordinarie
DOI 10.1007/978-88-2394-9_7, © Springer-Verlag Italia 2012

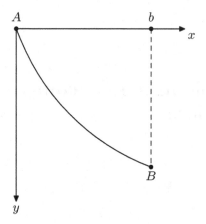

Fig. 7.1. La brachistocrona passante per A e B

Per calcolare la costante c supponiamo che nel punto A la velocità di P sia nulla. Allora $c = 0$ e quindi

$$\left(\frac{ds}{dt}\right)^2 = 2\,g\,y.$$

Possiamo ora calcolare $T(y)$.

$$T(y) = \int_0^T dt = \int_0^L \frac{ds}{\sqrt{2gy}} = \int_0^b \frac{\sqrt{1+y'^2}}{\sqrt{2gy}}\,dx.$$

Eliminando il fattore costante (ed ininfluente) $\sqrt{2g}$, possiamo concludere che il problema della brachistocrona consiste nel minimizzare nella classe $\mathcal{C}$ il funzionale

$$T(y) = \int_0^b F(y,p)dx, \qquad F(y,p) = \sqrt{\frac{1+p^2}{y}}.$$

Per metterci nelle condizioni di applicare le equazioni di Eulero-Lagrange, restringiamo la classe $\mathcal{C}$ a quella le cui funzioni rendono integrabile $T(y)$ in $(0,b]$ (si noti che per $y \to 0$ F diverge) e supponiamo che T abbia un minimo in $\mathcal{C}$ di classe C^1. Allora usiamo l'equazione (6.1) che diventa, cfr. anche (6.4),

$$F - y'F_p = \sqrt{\frac{1+y'^2}{y}} - \frac{y'^2}{\sqrt{y(1+y'^2)}} = k.$$

Posto $k = (2r)^{-1/2}$, si trova

$$y(1+y'^2) = 2r,$$

con $r > 0$ perchè $y > 0$ per $x > 0$. Conviene risolvere questa equazione rispetto ad y, in funzione del parametro $\vartheta = 2\mathrm{arcot}(y')$. Si osservi che $\vartheta = 0$ nel punto A. Usando la relazione $\sin^2 \frac{\vartheta}{2} = (1 + \cot^2 \frac{\vartheta}{2})^{-1}$, troviamo

$$y = 2r(\sin^2 \frac{\vartheta}{2}) = r(1 - \cos \vartheta).$$

Per esprimere anche x in funzione di ϑ, calcoliamo

$$\frac{dx}{d\vartheta} = \frac{dx}{dy}\frac{dy}{d\vartheta} = \frac{r \sin \vartheta}{y'}.$$

Poiché $y' = \cot \frac{\vartheta}{2}$, si deduce

$$\frac{dx}{d\vartheta} = \frac{r}{\cot \frac{\vartheta}{2}} \sin \vartheta = r(1 - \cos \vartheta).$$

Integrando,

$$x = r(\vartheta - \sin \vartheta) + k_1.$$

Dunque il minimo di T in $\mathcal{C}$ ha equazioni parametriche

$$\begin{cases} x = r(\vartheta - \sin \vartheta) + k_1, \\ y = r(1 - \cos \vartheta). \end{cases}$$

Determiniamo ora r e k_1 in modo che la brachistocrona passi per A e B. Imponendo la condizione che $y(0) = 0$ si trova $\vartheta = 0$ e quindi $k_1 = 0$. Per determinare r imponiamo la condizione $y(b) = b'$. Si ha

$$\frac{y}{x} = \frac{1 - \cos \vartheta}{\vartheta - \sin \vartheta}.$$

Un'analisi elementare mostra che la funzione $h(\vartheta) = (1 - \cos \vartheta)(\vartheta - \sin \vartheta)^{-1}$ è strettamente decrescente in $(0, 2\pi]$ e verifica $\lim_{\vartheta \to 0} h(\vartheta) = +\infty$ e $h(2\pi) = 0$. Perciò esiste un unico $\vartheta^* \in (0, 2\pi]$ tale che

$$\frac{b'}{b} = \frac{1 - \cos \vartheta^*}{\vartheta^* - \sin \vartheta^*}.$$

Posto

$$r^* = b(\vartheta^* - \sin \vartheta^*)^{-1},$$

si ha che $y(b) = b'$. In conclusione, la brachistocrona passante per A e B è data, in forma parametrica, da

$$\begin{cases} x = r^*(\vartheta - \sin \vartheta) \\ y = r^*(1 - \cos \vartheta). \end{cases}$$

Come è noto, queste sono le equazioni parametriche della cicloide passante per A e B.

Si noti che, per $0 < \vartheta < \pi$, y è positiva, regolare e $T(y)$ è integrabile in $[0, b]$, e quindi il procedimento seguito è completamente giustificato. Inoltre possiamo applicare il Corollario 6.1 con $g(y) = y^{-1/2}$, $y > 0$, e quindi dedurre che ogni punto stazionario di T è effettivamente un minimo stretto per I.

7.2 Il principio di Fermat

Consideriamo nel piano (x, y) la retta $y = r$ e due punti $A = (a, a')$ e $B = (b, b')$ con $a' > r$ e $b' < r$. Supponiamo che la velocità della luce sia v_1 per $y > r$ e v_2 per $y < r$. Un raggio luminoso percorrerà una spezzata APB in modo che il tempo di percorrenza sia minimo. La *legge della rifrazione di Snell* stabilisce che la spezzata è tale che (cfr. Fig. 7.2)

$$\frac{\cos\alpha_1}{v_1} = \frac{\cos\alpha_2}{v_2} \quad \text{o anche} \quad \frac{\sin\beta_1}{v_1} = \frac{\sin\beta_2}{v_2}.$$

Vogliamo estendere questo risultato al caso in cui la velocità della luce sia una generica funzione $v = v(y)$. Precisamente, posto $\sigma(y) = 1/v(y) > 0$, supponiamo che σ sia di classe C^1 e consideriamo il *cammino ottico*

$$I(y) = \int_a^b \sigma(y) \sqrt{1 + y'^2} dx.$$

Sia $\mathcal{C}$ la solita classe delle funzioni $y \in C^1([a, b]$ tali che $y(a) = a', y(b) = b'$. Il *Principio di Fermat* afferma che il raggio luminoso da A a B percorre la curva $y = y(x)$ che minimizza il cammino ottico in $\mathcal{C}$.

Se I ha un minimo in $\mathcal{C}$ di classe C^2 esso verifica (6.4) che diventa

$$\sigma(y)\sqrt{1 + y'^2} - y'\sigma(y)\frac{y'}{\sqrt{1 + y'^2}} = k,$$

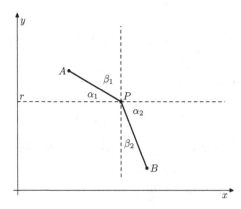

Fig. 7.2. La rifrazione

ovvero

$$\sigma(y) \cdot \frac{1}{\sqrt{1 + y'^2}} = k.$$

Ponendo $y' = \tan\alpha$, si trova

$$\frac{1}{\sqrt{1 + y'^2}} = \cos\alpha,$$

e si ricava $\sigma(y) \cdot \cos\alpha = k$. Ricordando che $\sigma(y) = 1/v(y)$ si trova

$$\frac{\cos\alpha}{v(y)} = k. \tag{7.1}$$

L'equazione (7.1) estende la legga di Snell al caso in cui la velocità vari con regolarità.

Poiché $\sigma(y) > 0$, allora si può usare il Corollario 6.1 con $g(y) = \sigma(y)$. Ne segue che ogni punto stazionario di classe C^2 del cammino ottico $I(y)$ è un minimo stretto.

7.3 Il solido di rotazione di minima resistenza in un fluido

In questa sezione vogliamo studiare brevemente il problema, discusso da Newton, del solido di rotazione che, muovendosi con velocità costante v in un fluido, offre la minima resistenza.

Consideriamo la classe $\mathcal{C} = C_0^2([a,b])$ e sia $y \in \mathcal{C}$. Useremo, come al solito, la coordinata curvilinea s e indicheremo con y_s la derivata

$$\frac{dy}{ds} = y' \frac{dx}{ds} = \frac{y'}{\sqrt{1 + y'^2}}.$$

Supporremo che la pressione P esercitata sul solido ottenuto ruotando la curva $y = y(x)$ intorno all'asse x, sia perpendicolare alla superficie di rotazione e proporzionale a $v^2 y_s^2$.

Allora la resistenza offerta dal solido è data da $P y_s = v^2 y_s^3$ (cfr. Fig. 7.3). Ne segue che, a meno di un fattore costante, la resistenza totale del solido di rotazione è espressa mediante l'integrale

$$2\pi \int_0^L v^2 y_s^3 y \, ds = 2\pi v^2 \int_a^b y \frac{(y')^3}{(1 + y'^2)^{3/2}} \sqrt{1 + y'^2} \, dx.$$

Ne segue che il problema in questione consiste nel cercare il

$$\min_{\mathcal{C}} I(y), \quad I(y) = 2\pi v^2 \int_a^b \frac{y(y')^3}{1 + y'^2} dx.$$

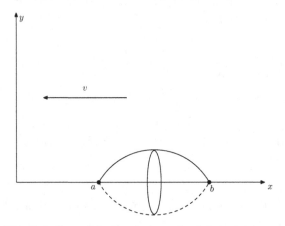

Fig. 7.3. Superficie di rotazione di minima resistenza

Si noti che I che è del tipo $I(u) = \int_a^b F dx$ con

$$F = F(y,p) = \frac{yp^3}{1+p^2}.$$

La corrispondente equazione (6.4) è

$$F(y,y') - y' F_p(y,y') = k.$$

7.4 La catenaria e la superficie di rotazione di area minima

Consideriamo ora il problema di determinare la superficie di rotazione (intorno all'asse x) generata da una curva $y = y(x)$, $x \in [a,b]$ di area minima.

Poiché è noto dal Calcolo che l'area della superficie di rotazione è data da

$$2\pi \int_a^b y\sqrt{1+y'^2}\, dx,$$

allora si tratta di minimizzare

$$I(y) = \int_a^b y\sqrt{1+y'^2}\, dx$$

nella classe $\mathcal{C}$ delle funzioni $y \in C^2(a,b)$ tali che $y(a) = a'$, $y(b) = b'$. Supporremo nel seguito che $a', b' > 0$.

Possiamo applicare (6.4) ottenendo

$$F - y'F_p = y\sqrt{1+y'^2} - y' \cdot \frac{y'}{\sqrt{1+y'^2}} = \frac{y}{\sqrt{1+y'^2}} = k. \qquad (7.2)$$

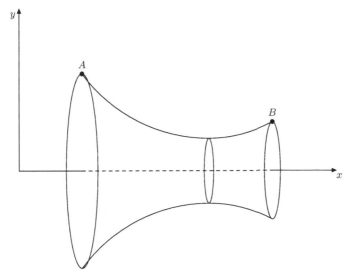

Fig. 7.4. La superficie di rotazione di area minima

Si noti che da (7.2) segue

$$\frac{y^2}{k^2} = 1 + y'^2 \geq 1.$$

Allora da (7.2) ricaviamo l'equazione del primo ordine

$$y' = \sqrt{\frac{y^2}{k^2} - 1}.$$

Integrando, si ha con facili calcoli

$$k \log \left[\frac{y}{k} + \sqrt{\frac{y^2}{k^2} - 1} \right] = x - \alpha.$$

Risolvendo rispetto ad y, si trova la *catenaria*

$$y = \frac{k}{2} \left[e^{\frac{x-\alpha}{k}} + e^{-\frac{x-\alpha}{k}} \right] = k \, \cosh \left(\frac{x-\alpha}{k} \right).$$

Dobbiamo ora trovare α, k in modo che siano verificate le condizioni $y(a) = a'$, $y(b) = b'$. Il procedimento che si segue è il seguente:

1) Si trova la famiglia $\mathcal{F}$, dipendente da un parametro, delle catenarie passanti per il punto (a, a').

2) Tra le curve di $\mathcal{F}$ si impone la condizione $y(b) = b'$.

I calcoli dettagliati sono semplici ma lunghi e sono omessi.

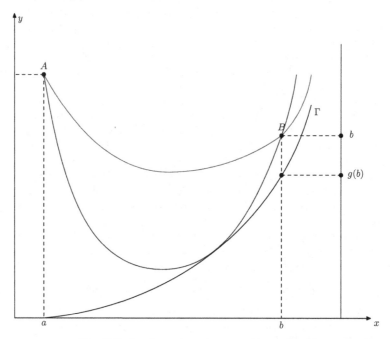

Fig. 7.5. Le due catenarie passanti per A e B

Quello che si trova è questo:

(i) Esiste una curva Γ di equazione $y = g(x)$ tale che $g(a) = g'(a) = 0$, $g' > 0$ per $x > a$ e $\lim_{x \to +\infty} g = \lim_{x \to +\infty} g' = +\infty$, che è l'inviluppo di $\mathcal{F}$.

(ii) Se $b' > g(b)$ allora esistono due curve di $\mathcal{F}$ che passano per (b, b'). Se $b' = g(b)$ allora c'è una sola curva di $\mathcal{F}$ che passa per (b, b'). Se $b' < g(b)$ allora non esistono curve di $\mathcal{F}$ che passano per (b, b').

Da (ii) possiamo dedurre varie cose interessanti. Se $b' > g(b)$ tutte e due le curve di $\mathcal{F}$ sono soluzioni della (EL). Jacobi ha dimostrato che quella che realizza il minimo è la curva che tocca Γ nel punto di ascissa maggiore rispetto all'altra. Se invece $b' < g(b)$, allora non ci sono soluzioni della (EL) nella classe $\mathcal{C}$, cioè che vericano $y(b) = b'$.

Terminiamo con alcune considerazioni euristiche. Possiamo pensare che la superficie di rotazione generata da una catenaria sia una lamina saponata che poggia sui due cerchi, rispettivamente di centro a e raggio a' e di centro b e raggio b'. Se $b' > g(b)$ allora la lamina congiunge i due cerchi. Ma se $b' < g(b)$, ovvero se $b \gg a$, allora la lamina si rompe e riempie i cerchi. Quest'ultima configurazione corrisponde ad una curva formata dai tre segmenti che congiungono i punti (a, a'), $(a, 0)$, $(b, 0)$ e (b, b') (cfr. Fig. 7.6). Chiaramente, questa spezzata non appartiene alla classe $\mathcal{C}$.

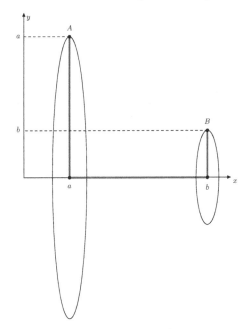

Fig. 7.6. La catenaria degenere

7.5 Il problema isoperimetrico (cenni)

Il problema isoperimetrico consiste nel cercare una ipersuperficie in $\mathbb{R}^n$, chiusa e di area assegnata, tale che il volume racchiuso sia massimo. Nel caso particolare dei poligoni del piano, il problema è stato affrontato da Euclide (per il rettangolo) e da altri matematici greci che hanno dimostrato che la soluzione è data dai poligoni regolari. Steiner ha provato che in $\mathbb{R}^2$, se la soluzione esiste, allora deve essere un cerchio. Tuttavia l'esistenza di una soluzione è una questione delicata anche perché una ipersuperficie può essere molto irregolare. Il problema nella sua generalità è stato risolto solo di recente da Ennio De Giorgi sviluppando la *Teoria Geometrica della Misura*, iniziata da Renato Caccioppoli.

Una discussione esauriente del problema isoperimetrico non rientra negli scopi di questi Appunti. Ci limiteremo ad un breve cenno, cosiderando un problema leggermente diverso. Seguiamo l'esposizione di [11, Chap. 2, Sec. 12] e cerchiamo la curva cartesiana di equazione $y = y(x)$ continua in $[-1, 1]$, di classe C^1 in $]-1, 1[$, tale che $y(\pm 1) = 0$ e che l'area racchiusa tra l'asse x e la curva sia massima, tra tutte quelle di lunghezza fissata $L = \pi$. Impostiamo il problema prendendo la classe $\widetilde{\mathcal{C}}$ delle funzioni $y \in C([-1, 1]) \cap C^1(]-1, 1[)$ tali che $\int_{-1}^1 \sqrt{1 + y'^2}\,dx < +\infty$ (cioè siano rettificabili) e verificano $y(\pm 1) = 0$. Poichè l'area da massimizzare e la lughezza della curva $y = y(x)$ sono date rispettivamente da

$$I(y) = \int_{-1}^{1} y\, dx, \qquad J(y) = \int_{-1}^{1} \sqrt{1 + y'^2}\, dx,$$

il problema posto consiste nel cercare il massimo di $I(y)$ nella classe $\widetilde{C}$ con la condizione che $J(y) = \pi$. È facile verficare che anche nella classe $\widetilde{C}$ vale il Teorema 6.3, con $F = F(y) = y$ e $G = G(p) = \sqrt{1 + p^2}$. Supponiamo che il massimo esista e sia assunto in $\overline{y} \in C^2(-1, 1)$. Allora dall'equazione (6.10) ricaviamo

$$1 + \lambda \frac{d}{dx} \frac{\overline{y}'}{\sqrt{1 + \overline{y}'^2}} = 0, \quad \lambda \in \mathbb{R}.$$

Segue

$$x + \lambda \frac{\overline{y}'}{\sqrt{1 + \overline{y}'^2}} = k, \qquad k \in \mathbb{R},$$

e da questa ricaviamo

$$\overline{y}' = \frac{k - x}{\sqrt{\lambda^2 - (k - x)^2}}.$$

Integrando si trova

$$\overline{y} = -\sqrt{\lambda^2 - (k - x)^2} + k', \qquad k, k' \in \mathbb{R},$$

cioè

$$(x - k)^2 + (\overline{y} - k')^2 = \lambda^2, \qquad k, k' \in \mathbb{R}.$$

Le condizioni $y(\pm 1) = 0$ e $J(y) = \pi$ permettono di ricavare k, k' e λ. Con facili calcoli si trova $k = k' = 0, \lambda = 1$ e quindi

$$x^2 + \overline{y}^2 = 1.$$

Dunque $\overline{y}$ è la semicirconferenza di centro l'origine, raggio 1 e lunghzza $L = \pi$. Si noti che $\overline{y} \in \widetilde{C}$ ed è di classe C^2 in $(-1, 1)$.

7.5.1 La diseguaglianza isoperimetrica

Vogliamo far vedere con un approccio diretto che la circonferenza di lunghezza $L > 0$ è, tra le curve chiuse regolari del piano con la stessa lunghezza, quella che racchiude l'area massima.

Precisamente dimostriamo il seguente risultato:

Teorema 7.1 (Diseguaglianza isoperimetrica). *Sia Γ una curva semplice (cioè senza auto-intersezioni) chiusa e regolare in $\mathbb{R}^2$ di lunghezza $L > 0$. Indichiamo con A l'area racchiusa da Γ. Allora*

$$A \leq \frac{L^2}{4\pi}. \tag{7.3}$$

Inoltre vale l'eguaglianza se e solo se Γ è un cerchio.

Dimostrazione. Diamo un cenno della dimostrazione, che fa uso delle serie di Fourier, rimandando per maggiori dettagli a [15, Chap. 4]. Senza ledere la generalità, possiamo prendere $L = 2\pi$. Siano $x(s), y(s)$ le equazioni parametriche di Γ dove $s \in [0, 2\pi]$ è la lunghezza d'arco. Dunque si ha

$$x_s{}^2 + y_s{}^2 = 1, \quad (x_s = \frac{dx}{ds}, \; y_s = \frac{dy}{ds}) \tag{7.4}$$

e perciò

$$\frac{1}{2\pi} \int_0^{2\pi} [x_s{}^2 + y_s{}^2] ds = 1.$$

Poiché Γ è chiusa, $x(s), y(s)$ sono funzioni 2π-periodiche il cui sviluppo in serie di Fourier è dato (con notazione complessa) da

$$x(s) = \sum_{n=-\infty}^{+\infty} a_n e^{ins}, \quad y(s) = \sum_{n=-\infty}^{+\infty} b_n e^{ins}, \quad (i^2 = -1),$$

con $a_n = \bar{a}_{-n}$ e $a_n = \bar{a}_{-n}$ ($\bar{z}$ denota il complesso coniugato di z). Derivando si trova

$$x_s(s) = \sum_{n=-\infty}^{+\infty} i n a_n e^{ins}, \quad y_s(s) = \sum_{n=-\infty}^{+\infty} i n b_n e^{ins}.$$

Da (7.4) e dall'identità di Parseval, cfr. ad es. [15, Cap. 3], segue

$$\sum_{n=-\infty}^{+\infty} |n|^2 (|a_n^2 + |b_n|^2) = \frac{1}{2\pi} \int_0^{2\pi} [x_s{}^2 + y_s{}^2] ds = 1. \tag{7.5}$$

Inoltre

$$A = \frac{1}{2} \left| \int_0^{2\pi} [x(s)y_s(s) - x_s(s)y(s)] ds \right| = \pi \left| \sum_{n=-\infty}^{+\infty} n(a_n \bar{b}_{-n} - b_n \bar{a}_{-n}) \right|.$$

Allora da

$$|a_n \bar{b}_{-n} - b_n \bar{a}_{-n}| \le 2|a_n| \, |b_n| \le |a_n|^2 + |b_n|^2,$$

da $|n| \le n^2$ e da (7.5) segue che

$$A \le \pi \sum_{n=-\infty}^{+\infty} n^2 (|a_n|^2 + |b_n|^2) = \pi.$$

Questo mostra la diseguaglianza isoperimetrica (con $L = 2\pi$). Se poi $A = \pi$ dal fatto che $|n| < |n|^2$ per $|n| > 1$, si deduce che deve risultare $a_n = b_n = 0$ per $n \ne \pm 1$ e quindi

$$x(s) = a_0 + a_1 e^{is} + a_{-1} e^{-is}, \quad y(s) = b_0 + b_1 e^{is} + b_{-1} e^{-is}.$$

È facile verificare che queste sono le equazioni della circonferenza di centro l'origine, raggio 1 e lunghezza 2π. $\qquad\qquad \square$

Bibliografia

1. Amann H.: Ordinary differential equations. de Gruyter Studies in Math., Berlin (1990).
2. Brezis H.: Analyse fonctionnelle. Masson, Paris (1983)
3. Brezis H.: Analisi funzionale. Liguori, Napoli (1986)
4. Brezis H.: Functional Analysis, Sobolev Spaces and Partial Differential Equations. Springer, Heidelberg (2010)
5. Courant R.: Calculus of Variations. NYU Lecture Notes. Springer, Heidelberg (1946)
6. Dacorogna B.: Direct methods in the Calculus of Variations. Appl. Math. Sci. 78. Springer (1989)
7. De Giorgi E.: Teoremi di semicontinuità nel Calcolo delle Variazioni. INDAM Roma (1968)
8. De Giorgi E.: Semicontinuity theorems in the Calculus of Variations. Quad. n. 56 dell'Acc. Pontaniana di Napoli (2009)
9. Dieudonnè J.: Éléments d'analyse 1. Gauthier Villars, Paris (1972)
10. Fusco N., Marcellini P., Sbordone C.: Analisi Matematica 2. Liguori, Napoli (1996)
11. Gelfand I.M., Fomin S.V.: Calculus of Variations. Dover, New York (1963)
12. Pontriaguine L.: Équations Différentielles Ordinaires. MIR, Mosca (1975)
13. Piccinini L.C., Stampacchia G., Vidossich G.: Equazioni differenziali ordinarie in $\mathbb{R}^n$. Liguori, Napoli (1978)
14. Prodi G.: Lezioni di Analisi 2. Bollati Borighieri, Torino (2011)
15. Stein E.M., Shakarchi R.: Fourier anaysis: an introduction. Princeton Univ. Press (2003).
16. Tonelli L.: Fondamenti di Calcolo delle Variazioni. Zanichelli, Bologna (1921)
17. Weinberger H.F.: A first course in partial differential equations. Wiley, New York (1965)

Indice analitico

Collana Unitext   La Matematica per il 3+2

A cura di:
A. Quarteroni (Editor-in-Chief)
L. Ambrosio
P. Biscari
C. Ciliberto
G. van der Geer
G. Rinaldi
W.J. Runggaldier

Editor in Springer:
F. Bonadei
francesca.bonadei@springer.com

Volumi pubblicati. A partire dal 2004, i volumi della serie sono contrassegnati da un numero di identificazione. I volumi indicati in grigio si riferiscono a edizioni non più in commercio. A partire dal 2011, la serie pubblica anche libri in lingua inglese.

A. Bernasconi, B. Codenotti
Introduzione alla complessità computazionale
1998, X+260 pp, ISBN 88-470-0020-3

A. Bernasconi, B. Codenotti, G. Resta
Metodi matematici in complessità computazionale
1999, X+364 pp, ISBN 88-470-0060-2

E. Salinelli, F. Tomarelli
Modelli dinamici discreti
2002, XII+354 pp, ISBN 88-470-0187-0

S. Bosch
Algebra
2003, VIII+380 pp, ISBN 88-470-0221-4

S. Graffi, M. Degli Esposti
Fisica matematica discreta
2003, X+248 pp, ISBN 88-470-0212-5

S. Margarita, E. Salinelli
MultiMath - Matematica Multimediale per l Università
2004, XX+270 pp, ISBN 88-470-0228-1

A. Quarteroni, R. Sacco, F.Saleri
Matematica numerica (2a Ed.)
2000, XIV+448 pp, ISBN 88-470-0077-7
2002, 2004 ristampa riveduta e corretta
(1a edizione 1998, ISBN 88-470-0010-6)

13. A. Quarteroni, F. Saleri
    Introduzione al Calcolo Scientifico (2a Ed.)
    2004, X+262 pp, ISBN 88-470-0256-7
    (1a edizione 2002, ISBN 88-470-0149-8)

14. S. Salsa
    Equazioni a derivate parziali - Metodi, modelli e applicazioni
    2004, XII+426 pp, ISBN 88-470-0259-1

15. G. Riccardi
    Calcolo differenziale ed integrale
    2004, XII+314 pp, ISBN 88-470-0285-0

16. M. Impedovo
    Matematica generale con il calcolatore
    2005, X+526 pp, ISBN 88-470-0258-3

17. L. Formaggia, F. Saleri, A. Veneziani
    Applicazioni ed esercizi di modellistica numerica
    per problemi differenziali
    2005, VIII+396 pp, ISBN 88-470-0257-5

18. S. Salsa, G. Verzini
    Equazioni a derivate parziali   Complementi ed esercizi
    2005, VIII+406 pp, ISBN 88-470-0260-5
    2007, ristampa con modifiche

19. C. Canuto, A. Tabacco
    Analisi Matematica I (2a Ed.)
    2005, XII+448 pp, ISBN 88-470-0337-7
    (1a edizione, 2003, XII+376 pp, ISBN 88-470-0220-6)

20. F. Biagini, M. Campanino
Elementi di Probabilità e Statistica
2006, XII+236 pp, ISBN 88-470-0330-X

21. S. Leonesi, C. Toffalori
Numeri e Crittografia
2006, VIII+178 pp, ISBN 88-470-0331-8

22. A. Quarteroni, F. Saleri
Introduzione al Calcolo Scientifico (3a Ed.)
2006, X+306 pp, ISBN 88-470-0480-2

23. S. Leonesi, C. Toffalori
Un invito all Algebra
2006, XVII+432 pp, ISBN 88-470-0313-X

24. W.M. Baldoni, C. Ciliberto, G.M. Piacentini Cattaneo
Aritmetica, Crittografia e Codici
2006, XVI+518 pp, ISBN 88-470-0455-1

25. A. Quarteroni
Modellistica numerica per problemi differenziali (3a Ed.)
2006, XIV+452 pp, ISBN 88-470-0493-4
(1a edizione 2000, ISBN 88-470-0108-0)
(2a edizione 2003, ISBN 88-470-0203-6)

26. M. Abate, F. Tovena
Curve e superfici
2006, XIV+394 pp, ISBN 88-470-0535-3

27. L. Giuzzi
Codici correttori
2006, XVI+402 pp, ISBN 88-470-0539-6

28. L. Robbiano
Algebra lineare
2007, XVI+210 pp, ISBN 88-470-0446-2

29. E. Rosazza Gianin, C. Sgarra
Esercizi di finanza matematica
2007, X+184 pp, ISBN 978-88-470-0610-2

30. A. Mach`
Gruppi - Una introduzione a idee e metodi della Teoria dei Gruppi
2007, XII+350 pp, ISBN 978-88-470-0622-5
2010, ristampa con modifiche

31 Y. Biollay, A. Chaabouni, J. Stubbe
Matematica si parte!
A cura di A. Quarteroni
2007, XII+196 pp, ISBN 978-88-470-0675-1

32. M. Manetti
Topologia
2008, XII+298 pp, ISBN 978-88-470-0756-7

33. A. Pascucci
Calcolo stocastico per la finanza
2008, XVI+518 pp, ISBN 978-88-470-0600-3

34. A. Quarteroni, R. Sacco, F. Saleri
Matematica numerica (3a Ed.)
2008, XVI+510 pp, ISBN 978-88-470-0782-6

35. P. Cannarsa, T. D Aprile
Introduzione alla teoria della misura e all analisi funzionale
2008, XII+268 pp, ISBN 978-88-470-0701-7

36. A. Quarteroni, F. Saleri
Calcolo scientifico (4a Ed.)
2008, XIV+358 pp, ISBN 978-88-470-0837-3

37. C. Canuto, A. Tabacco
Analisi Matematica I (3a Ed.)
2008, XIV+452 pp, ISBN 978-88-470-0871-3

38. S. Gabelli
Teoria delle Equazioni e Teoria di Galois
2008, XVI+410 pp, ISBN 978-88-470-0618-8

39. A. Quarteroni
Modellistica numerica per problemi differenziali (4a Ed.)
2008, XVI+560 pp, ISBN 978-88-470-0841-0

40. C. Canuto, A. Tabacco
   Analisi Matematica II
   2008, XVI+536 pp, ISBN 978-88-470-0873-1
   2010, ristampa con modifiche

41. E. Salinelli, F. Tomarelli
   Modelli Dinamici Discreti (2a Ed.)
   2009, XIV+382 pp, ISBN 978-88-470-1075-8

42. S. Salsa, F.M.G. Vegni, A. Zaretti, P. Zunino
   Invito alle equazioni a derivate parziali
   2009, XIV+440 pp, ISBN 978-88-470-1179-3

43. S. Dulli, S. Furini, E. Peron
   Data mining
   2009, XIV+178 pp, ISBN 978-88-470-1162-5

44. A. Pascucci, W.J. Runggaldier
   Finanza Matematica
   2009, X+264 pp, ISBN 978-88-470-1441-1

45. S. Salsa
   Equazioni a derivate parziali   Metodi, modelli e applicazioni (2a Ed.)
   2010, XVI+614 pp, ISBN 978-88-470-1645-3

46. C. D Angelo, A. Quarteroni
   Matematica Numerica   Esercizi, Laboratori e Progetti
   2010, VIII+374 pp, ISBN 978-88-470-1639-2

47. V. Moretti
   Teoria Spettrale e Meccanica Quantistica   Operatori in spazi di Hilbert
   2010, XVI+704 pp, ISBN 978-88-470-1610-1

48. C. Parenti, A. Parmeggiani
   Algebra lineare ed equazioni differenziali ordinarie
   2010, VIII+208 pp, ISBN 978-88-470-1787-0

49. B. Korte, J. Vygen
   Ottimizzazione Combinatoria. Teoria e Algoritmi
   2010, XVI+662 pp, ISBN 978-88-470-1522-7

50. D. Mundici
   Logica: Metodo Breve
   2011, XII+126 pp, ISBN 978-88-470-1883-9

51. E. Fortuna, R. Frigerio, R. Pardini
   Geometria proiettiva. Problemi risolti e richiami di teoria
   2011, VIII+274 pp, ISBN 978-88-470-1746-7

52. C. Presilla
   Elementi di Analisi Complessa. Funzioni di una variabile
   2011, XII+324 pp, ISBN 978-88-470-1829-7

53. L. Grippo, M. Sciandrone
   Metodi di ottimizzazione non vincolata
   2011, XIV+614 pp, ISBN 978-88-470-1793-1

54 M. Abate, F. Tovena
   Geometria Differenziale
   2011, XIV+466 pp, ISBN 978-88-470-1919-5

55. M. Abate, F. Tovena
   Curves and surfaces
   2011, XIV+390 pp, ISBN 978-88-470-1940-9

56 A. Ambrosetti
   Appunti sulle equazioni differenziali ordinarie
   2011, X+114 pp, ISBN 978-88-470-2393-2

The online version of the books published in this series is available at SpringerLink. For further information, please visit the following link:
http://www.springer.com/series/5418